망하는 군대는 인기를 따른다

군과 포퓰리즘

망하는 군대는 인기를 따른다

군과 포퓰리즘

2024년 7월 15일 초판 1쇄 발행

저 자 전계청

편 집 이열치매
디 자 인 김애린
마 케 팅 이수빈

발 행 인 원종우
발 행 ㈜블루픽
주 소 (13814)경기도 과천시 뒷골로 26, 그레이스 2층
전 화 02-6447-9000
팩 스 02-6447-9009
이 메 일 edit@bluepic.kr

가 격 20,000원
ISBN 979-11-6769-322-8 03390

망하는 군대는

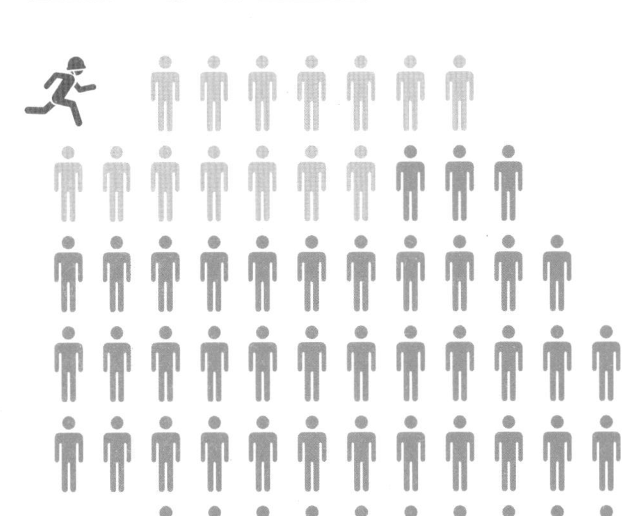

군과
포퓰리즘

인기를

전계청 지음

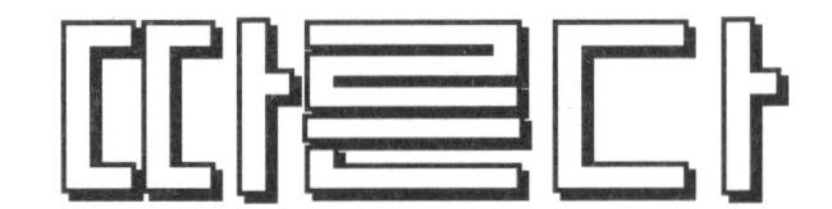

따른다

길찾기

목차

출간을 재결심하며 ―― 006

제1부 육군과 포퓰리즘

들어가며 ―― 012

Ⅰ. 포퓰리즘이란? ―― 015

1. 포퓰리즘Populism의 개념과 기원 ―― 015
2. 포퓰리즘의 특성과 주요 사례 ―― 021

Ⅱ. 육군 내 포퓰리즘 사례 분석 ―― 061

1. 병 복무 기간 단축 시행 ―― 061
2. 병 입영일자 본인 선택제 시행 ―― 067
3. 모집병 비율 증대 요구 ―― 080
4. 최전방 수호병 모집제도 시행 및 폐지 ―― 083
5. 임기제 부사관제도 시행 ―― 088
6. 가치를 의심하게 하는 육군 용사상 시행 ―― 095
7. 우후죽순 늘어나는 전쟁 영웅상 ―― 099
8. 1년 단위 장교 보직 교체 ―― 102
9. 분기별로 바뀌는 위원장 ―― 112
10. 모호한 언어 사용 ―― 115

Ⅲ. 육군에 포퓰리즘이 발생하는 이유 ―― 120

1. 군의 정치화政治化 ―― 120
2. 군의 직업성 저하 ―― 127
3. 공적 영역의 사적화私的化 ―― 137
4. 건전한 비판 세력 부재 ―― 142

Ⅳ. 포퓰리즘 극복을 위한 제언 ―― 150

1. '관계'보다 '가치'를 중시 ―― 150
2. 데이터에 근거한 '총괄평가' 필요 ―― 173
3. 건전한 비판 세력 구축 ―― 182
4. '지금, 여기'에서 벗어나기 ―― 188

제2부 육군을 위한 여섯 가지 질문과 제언

Ⅰ. 서론 ---- 198

Ⅱ. 육군을 위한 여섯 가지 질문 ---- 200

1. 우리는 왜 논쟁하지 않는가? ---- 200
2. 우리는 왜 매번 처음부터 다시 시작하는가? ---- 210
3. 창조적 개념은 누가 만드는가? ---- 213
4. 총론만 있고 각론이 없는 이유는? ---- 215
5. 결과는 나왔는데 책임질 사람은 어디에? ---- 219
6. 당신은 리더인가, 관리자인가? ---- 226

Ⅲ. 육군을 위한 여섯 가지 제언 ---- 229

1. 논쟁의 불씨를 지피자 ---- 229
2. 도약하려면 축적하자 ---- 231
3. 군사 분야 고수를 만들자 ---- 233
4. 벤치마킹 쉬운 총론보다는 어렵더라도 각론을 만들자 ---- 235
5. 보기 좋은 사과보다 맛있는 사과를 만들고 품질을 묻자 ---- 237
6. 관리자가 아닌 리더를 육성하자 ---- 239

Ⅳ. 결론 ---- 242

나오며 ---- 243

참고문헌 ---- 246

출간을 재결심하며

이 책은 원래 필자가 육군 인사사령부에서 인사병과장을 하고 있던 2021년에 출간할 계획이었다. 일반 서적이 아닌, 육군 내에서 발행하는 『군사평론』이나 『전투발전지』 또는 『군사혁신저널』의 '부록' 정도로 출간하고 싶은 마음이 있었다. 그러나 군을 과도하게 비판하고 분량이 많다는 이유 등으로 군 내의 저널을 주관하는 부대에서 반대 의견을 제시하여 결국 출간할 수 없었다. 그리고 세월이 흘러 필자는 전역 후 2024년 1월, 병무청에서 모집하는 개방형 직위인 '○○지방병무청장'직위에 지원했고 면접을 보게 됐다. 필자는 병무청 개혁의 필요성을 면접위원들에게 적극 설명했다. 그리고 필자가 만약 선발이 된다면 그 개혁의 선봉에 서겠다고 말했고, 만약 이것이 불가능하게 된다면 자리에 연연하지 않고 그만두겠다고 했다. 그러나 역시 면접 위원들은 개혁을 바라지 않았고, 기존 질서에 순응하면서 조직을 안정적으로 이끌어갈 사람을 찾고 있었다. 그런 분들의 입장에서 보면, 나의 이야기는 정말 건방진 훈수에 지나지 않았을 것이다. 필자가 병무청 개혁이 반드시 필요하다고 생각하는 가장 큰 이유는 국민을 위해 존재하는 병무청 스스로가 자신들의 존재 목적을 모르고 있다는 점 때문이었다. 결론부터 말하면, 병무청의 가장 큰 고객은 병역의무 대상자가 아니라 그 병역 자원을 활용하는 각 군軍이다. 그러나 병무청 관계자는 자신들의 고객이 입영 대상자라고 말하고 있으며, 입영 대상자를 활용하여 국가방위를 당담하고 있는 군에 대해서는 아무런 생각이 없었다. 이것은 군이라는 조직은 병무청에 별 영향력이 없는 반면, 입영대상자들의 눈치를 봐야하는 정치인들은 자신들의 조직에 큰 영향력을 행사하다 보니 병무청이 정치인들의 의도에 부합하는 제도를 추구하고 있어서다. 결국 병무청은 자신들의 본질적 존재 목적보다는 인기에 편승하려는 경향, 즉 '포퓰리즘'에 깊이 빠져 있는 것이다. 독자들에게 묻고 싶다. 병무청의 제1 고객이 과연 누구인가? 입영 대상자인가? 군인가? 당시 필자를 면접했던 병무청 고위 간부는 자신들의 제1 고객이 입영 대상자라고 강조해서 말했다. 과연 그런가? 그렇다면 생각해 보자. 입영 대상자들은 왜 존재하는가? 대한민국에 국방의 의무가 있기 때문이다. 그렇다면 그들을 어디에서 활용하는가? 당연히 각 군에서 활용한다. 만약 군이 존재하지 않는다면 입영 대상자도 필요 없고, 그들을 관리해야 하는 병무청도 필요 없는 것이다. 따라서 입영 대상자를 관리하는 병무청의 입장에서는 이들을 활용하는 군이 제1의 고객이고, 입영 대상자는 대한민국 국민들에게 '국가방위와 안전'이라는 '효용'을 제공하기 위한 유효한 '인적자원'이다. 경제학적 용어 측면에서 '효용'을 극대화하는 가치 중립적 용어는 '재화財貨'일 것이다. 그러나 '병역 의무 대상자'라는 인격체를 재화라는 용어로 표현하는 데 부담을 느낄 수 있는 독자들을 고려하여 이를 '인적 자원'으로 바꾸었다. 필자가 '인적 자원'이라고 표현했다고 해서 병역 의무 대상자들을 단순히 국방의 의무를 수행하는 '수단'

으로만 생각한다는 의미는 아니라는 점을 밝힌다. 그럼에도 불구하고 대한민국 전체 국민들의 안보를 위해서 국방의 의무를 지는 그 시기만큼은 '국방'이라는 목적을 위한 수단적 의미가 포함된다는 것 또한 분명한 사실이다.

그런데 병무청에서는 제1의 고객인 군의 의견은 무시하고, 자신들이 제1 고객이라고 생각하는 입영 대상자들의 편의를 제공하는 데만 관심을 두고 있다. 왜 그럴까? 그것은 군을 대변해 주는 기관이 없고, 군 스스로도 '포퓰리즘'에 깊이 빠져 버렸기 때문이다. 이 책에서는 필자가 생각하는 군의 포퓰리즘적 현상을 구체적으로 파헤쳐 제시할 것이다. 한번 시행하면 되돌리기 힘든 것이 포퓰리즘의 가장 큰 특징이다. 어떠한 상황에서도 국민의 생명과 재산을 보호하고 국가를 수호해야 할 군에서 이런 포퓰리즘적 행위는 해군害軍 행위이다. 이제는 멈추어야 한다. 더 이상 이런 현상이 군 내·외부에서 발생해서는 안 된다. 지방병무청장 지원 당시 면접관의 언행은 나의 서재 속에 빛바랜 원고로 묻혀 버릴 뻔했던 이 종이 뭉치를 책으로 출간하게 만든 원동력이 되었다.

그리고 2부의 내용은 필자가 2021년 육군의 『군사혁신저널』 제6호에 기고했던 내용을 수록한 것으로 포퓰리즘과는 다소 거리가 있으나, 일부 초급 간부들의 간절한 요청이 있어 이번 기회에 이 책에 수록하게 되었다. 두 글의 내용은 달라도, 지향하는 바는 동일하다. 비록 비판적인 내용이 많은 부분을 차지하고 있으나, 이는 군 발전에 조금이라도 도움이 되고자 하는 필자의 간절한 마음이라는 것을 꼭 이해해 주기 바란다. 끝으로, 대중적 관심이 적은 이런 내용을 기꺼이 출판할 수 있도록 도와주신 도서출판 길찾기의 원종우 대표님과 이를 실무적으로 지원해 주신 이열치매 과장님께 진심으로 감사를 전한다.

2024년 2월

말레이시아 말라카 호텔방에서

전 계 청

제1부

육군과 포퓰리즘

POPULISM

알코올 중독에 대한 치유는 금주하는 길밖에 없다. 그러나 치유할 때는 좋지 않은 효과들이 먼저 오고 좋은 효과가 나중에 나타나기 때문에 중독자의 치료의지를 유지하기가 매우 어렵다. 술을 끊으려는 알코올 중독자가 거의 자제할 수 없었던 한 잔만 더 마시자는 욕구를 더 이상 품지 않게 되는 편안한 경지에 도달하기까지는 극심한 고통을 겪어야 한다. '인플레이션'의 경우도 마찬가지이다.

— 『선택할 자유』 밀턴 프리먼 Milton Friedman

위 문장에서 '인플레이션'을 '포퓰리즘'으로 대체해도 동일한 메시지를 줄 수 있다. 한 번 맛본 '포퓰리즘'의 해악을 극복하기 위해서는 극심한 고통을 견뎌내야만 한다.

— 본문에서

들어가며

2020년 11월 2일, 동부전선에서 북한 주민 한 명이 GOP 철책을 넘어 14시간 30분간 9㎞를 돌아다니다 우리 군에 발견된 사건이 있었다. 이후 합동참모본부는 조사를 통해 철책 경계 시스템의 주요 구성품 중 하나인 '상단 감지 유발기'의 나사가 풀려 경보음이 울리지 않은 것으로 추정된다고 동년 11월 25일 밝혔다. 그리고 3개월이 지난 2021년 2월 16일, 또 다른 북한 남성이 동부전선 인근 해상으로 월남한 사건이 발생했다. 문제의 심각성은 이 남성이 우리 군의 CCTV에 10회나 포착되었음에도 8회는 그냥 지나쳤고 2회는 무시했으며, 심지어 경보음이 2회나 울렸는데도 감시를 담당하는 인원이 대수롭지 않게 여겼다는 데 있다. 2020년 11월 초 사건 발생 당시, 필자를 비롯한 일부 군수 관계자들은 사고의 원인을 경계 시스템 전반에 걸친 '운영의 문제'보다는 사용하는 '장비의 문제'로 결론 내리는 것은 아닌가? 하는 의구심이 있었다. 시스템 운영의 문제가 되면 누군가가 책임을 지고 처벌을 받아야 하지만, 장비의 문제로 결론 나면 상대적으로 책임 영역에서 자유로운 것이 군의 현실이어서였다. 그러다 보니 군수 분야에 종사하는 분들은 사고 원인을 일방적으로 장비의 문제로 몰아 가려고 하지는 않을지 불안해하며 이 문제를 대단히 예민하게 바라보았다. 당시 나온 이야기 중에는 천둥, 번개, 바람 등 기상 상태가 좋지 않으면 장비가 수시로 작동하여 경보음을 울리기에, 야전 부대에서는 장병들이 기상이 악화되면 장비의 감도를 낮게 조정한다는 내용도 있었다. 즉 정상적인 감도를 유지하면 악기상(惡氣象)에 따라 경보음이 계속 울리므로 감도를 낮게 조정하여 경보음이 울리지 않게 한다는 것이었다. 그런데 만약 누군가가 침투를 하려고 마음 먹는다면 정상적인 기상 상태의 날을 택하겠는가? 악기상을 택하겠는가? 대답은 누구나 다 아는 바와 같이 악기상일 것이다. 나는 이 점을 지적하고 싶다. 물론 그런 악기상의 상황에 완벽하게 대응할 수 있는 지금 당장의 대안은 필자도 없다. 하지만 우리가 이 문제를 얼마나 심각하게 받아들이고 그 대안을 마련하기 위해 어떤 노력을 했는지는 꼭 짚고 넘어가야만 한다. 즉 현재의 기술 여건상 아무리 좋은 장비라 하더라도 적(사람)과 동물, 바람과 폭우 등을 정확히 식별할 수 없다는 것은 누구나 다 인지하고 있었고, 기상 여건에 따라 경보음이 자주 울리는 경우가 발생하기에 경계병들이 이를 종종 무시한다는 현실도 인식하고 있었다. 그러나 그 누구도 그러한 현실의 심각성을 인식하고 장기적인 대안을 마련하지 않았다. 올해 2월의 사건에서도 감시병이 2회의 경보음을 장비 오작동으로 판단하고 임의로 알림창을 껐다는 사실에 주목해야 한다. 필자가 알기로 GOP 과학화 경계 시스템 구축 사업은 2000년에 종결되었다. 지난해 11월 북한 주민의 철책 월남 사건에서도 장비 문제가 주원인으로 분석되었기에 후속 대책은 주로 장비의 보강 등에 집중되었지, 운영상의 문제에는 큰 비중을 두지 않았다. 문제의 핵심은 바로 여기에 있다. 왜 많은 사람들이 운영상의 취약성을 인지하고 있었는데도 개선하지 않았을까? 양치기 소년의 사례를 잘 알고 있으면서도 왜 우리는 일선의 장병들이 양치기 소년이 되는 상황을 보고만 있었을까? 문제는 인식하고 있었지만 이 정도로 심각한 결과를 야기할 것이라고 생각하지 못했다고 하는 것은 이유가 되지 않는다. 경계 작전에 투입된 인원만 수천 명에 달하고, 이를 경험한 인원은 수만 명에 이르는데 이들 모두가 그렇게 생각했거나, 또는 생각은 했지만 이를 개선하지 못한 것은 우리 육군 전체의 의사결정 체계 또는 의사소통과 이를 포함한 그 무엇인가에 문제가 있다고 볼 수밖에 없다. 그 무엇이 정확히 어떤 것인지는 필자도 모르겠지만, 적어도 문제의 근원을 파악하고 이를 장기적 관점에서 해결하려는 의지와 시스템이 부족했다는 것만은 분명하다고 말하고 싶다. 이 글은 "육군에 왜 그런 현상이 생기고 반복되는 것일까?"라는 물음에 대한 필자 나름의 분석과 그 대안이다. 나는 그러한 문제의 근원이 군내에 만연한 포퓰리즘Populism이라고 생각한다. 잘 알고 있듯이 포퓰리즘이란 대중인기 영합주의를 말한다. 그리고 이는 선거에 의해 대표가 선출되는 정치의 영역에서 많이 발생하고 있다. 그런데 우리 군에 선출직은 하나도 없다. 모든 직책이 임명직이다. 따라서 대중의 인기에 영합할 이유가 전혀 없다. 그럼에도 불구하고 왜 군내에 포퓰리즘이 만연하는 것인가? 이것이 필자의 질문이다. 이 글은 이 질문에 대한 답을 찾아 가는 여정과 함께, 부족하지만 필자 나름대로 모색한 답안의 결과물이다. 물론, 이 글에서 제시하는 내용은 모두 필자의 주관적인 생각일 뿐이다. 부족한 글에 대한 독자 여러분의 채찍과 질책을 기대한다.

I

포퓰리즘이란?

1. 포퓰리즘Populism의 개념과 기원

(가) 포퓰리즘의 개념

'포퓰리즘'이란 무엇인가? 위키피디아를 검색해 보면 "포퓰리즘은 대중주의 또는 이데올로기 혹은 정치철학으로서, '대중'과 '엘리트'를 동등하게 놓고 정치 및 사회 체제의 변화를 주장하는 수사법, 또는 그런 변화로 정의된다"라고 표현되어 있고, 캠브리지 사전에는 "보통 사람들의 요구와 바람을 대변하려는 정치사상, 활동"이라고 정의되어 있으며, 다음Daum 사전에는 "일반 대중의 인기에 영합하는 정치 형태, 대중을 동원하여 권력을 유지하는 정치 체제로 대중주의라고도 하며 엘리트주의와 상반되는 개념이다"라고 기술되어 있다. 그러나 포퓰리즘의 개념이 위에서 언급한 것처럼 간단하지는 않다. 오죽했으면 마치 '신발은 있지만 거기에 맞는 발은 어디에도 없는 신데렐라 유리 구두 신세'와 같다는 말[01]까지 나왔겠는가? 상황이 이렇다 보니 아예 포퓰리즘이 무엇인지 그 개념을 정확하게 규정하는 작업을 포기하는 사람들

---

01 Yves Meny·Yves Surel, 'The Constitutive Ambiguity of Populism', Yves Meny·Yves Surel, (eds), *Domocracies and the Populist Challenge*(New York ; Palgrave, 2002) p.3: 서병훈 《포퓰리즘, 현대 민주주의의 위기와 선택》 책세상 p.17 재인용

도 늘고 있다.[02]

이는 포퓰리즘이 '인민에 대한 호소'를 매개로 '인민주권론'과 '인민주권의 회복'을 표방하면서 대중의 지지를 확보하고자 민주주의의 사도를 자처하지만, 실제로는 무게 중심이 소수의 포퓰리스트 지도자에게 쏠리는 이율배반적인 현상과 무관하지 않다. 또한 포퓰리즘은 진보와 보수 양쪽 모두에서 나타나고 있는 만큼 독자적인 이데올로기를 추구한다고 보기 어렵고, 지역과 상황 따라 다르게 발현한다는 점에서 명확한 개념 정의를 더 어렵게 하고 있다. 따라서 이 글에서는 포퓰리즘의 정확한 개념을 논하기보다는, 그것이 한마디로 정의하기 어려운 개념이라는 것을 인정하면서 의미의 범위를 좁히고자 한다. 즉 필자는 포퓰리즘을 기존의 엘리트주의에 대항하여 대중의 정치 의사를 적극 반영하고자 하는 의도로 시작되었으나, 이 과정에서 오히려 특정 포퓰리스트들에게 무게 중심이 쏠리며 다시 소수 엘리트가 중심이 되고 대중은 객체로 전락하게 되며, 대중의 인기를 얻기 위해 선동적 주장을 주요 수단으로 삼을 뿐 본질적 문제보다는 현실적 결과에만 관심을 갖는 "무책임한 대중 인기 영합주의"라고 부르고 싶다.

(나) 포퓰리즘의 기원

많은 사람들이 포퓰리즘이라는 말의 기원을 1870년대 러시아에서 전개된 '인민 속으로В народ' 운동에서 찾는다. 이런 지식인 운동에 주

---

02 서병훈 《포퓰리즘, 현대 민주주의의 위기와 선택》 책세상 p.17

도적으로 참여한 사람들을 '나로드니키', 그리고 그들의 이데올로기를 '나로드니체스트보'라고 불렀다. 여기서 '나로드народ'는 인민을 뜻하는 독일어의 '폴크Volk'와 비슷한 말이고, 영어로는 '피플people'로 옮길 수 있다.[03] 포퓰리즘이라는 말이 이런 언어적 맥락 속에서 등장했다는 주장을 받아들인다면, 1870년대의 러시아야말로 '포퓰리즘' 운동의 진원지가 되는 셈이다.[04]

'인민 속으로' 운동은 알렉산드르 게르첸Алекса́ндр И. Ге́рцен(1812~1870)을 빼고 생각할 수 없다. 그는 조국 러시아에서 혁명이 일어날 가능성이 희박한 것에 실망해 1852년에 런던으로 옮겨 갔다. 그곳에서 〈종Kolokol〉이라는 신문을 발행하면서, 러시아 혁명가들과 생시몽, 푸리에를 중심으로 한 서구 사회주의자들을 연결시키려 했다. 특히 그는 1861년 11월의 글에서 '인민 속으로, 인민 속으로, 여기에 당신 자리가 있다. 배움의 자리를 박차고 일어나라. 러시아 인민을 위해 투사가 될 수 있음을 보여라'는 글을 통해 청년들의 혁명 의지를 고조시켰다. 그는 추상적 관념을 배격하고 농민을 통해 러시아에 사회주의를 건설할 것

---

03 우리나라에서는 '브나로드 운동'이라고도 하며 1930년대 초 일어났던 학생운동을 일컫는다. 1931년 김성수, 송진우 등은 농촌 문맹자가 많은 것에 농촌 계몽운동을 준비하고 이를 실천하였는데, 심훈의 소설 《상록수》에 이런 모습이 잘 묘사되어 있다. 소설에서는 주인공 채영신과 박동혁이 언론사에서 시행한 농촌 계몽운동 보고대회에서 토론을 하고, 자신들이 활동하는 농촌공동체에서 한글 교육 등을 통해 활약하는 이야기가 나온다.

04 Poul Taggart, *Populism*, p.48 참조, 이 책의 8장에서 볼 수 있듯, 로마 공화정 시대에 귀족 집단에 대항하여 평민들의 권익을 주장하던 정치 세력을 '포퓰라레스populares' 라고 불렀던 것도 기억해둘 만하다. 이들의 성격을 포퓰리즘이라는 말로 규정하는 관점도 있어서다. 서병훈 《포퓰리즘, 현대 민주주의의 위기와 선택》 책세상 p.47 재인용

을 주장하는 등 러시아 포퓰리즘의 큰 틀을 정립한 것으로 평가된다.[05]

그러나 '인민 속으로'는 소규모 운동에 지나지 않았고, 짧은 기간 안에 막을 내리고 말았다. 지식인 운동이라는 근본적인 한계를 안고 있었으며, 농민들 역시 제대로 호응해 주지 않았기 때문이다. 운동을 주도한 세력은 대부분 도시 지식인 출신이었고 정치 경험이 부족했다. 또한 문서화된 프로그램도 갖추지 못하는 등, 조직이 매우 빈약했다. 그저 이 마을 저 마을 돌아다니며 혁명 팸플릿을 나눠 주면서 농지 재분배 등 혁명이 필요한 이유를 역설하는 것이 '인민 속으로' 활동의 전부이다시피 했다. 이들은 러시아 전통 농촌 사회의 삶을 낭만적으로 이상화하면서 그 기초 위에 새 사회를 건설하고자 했으나, 이들 지식인은 근본적으로 농촌과 거리가 먼 바깥 사람들이었다. 그래서 인민들의 실상을 제대로 파악하지 못했을 뿐 아니라 인민들의 입장이나 관점에서 사물을 바라보는 노력도 부족했다.[06]

미국의 포퓰리즘 운동은 러시아의 '인민 속으로'와 함께 고전적 포퓰리즘의 양대 산맥을 이룬다. 미국 포퓰리즘의 역사는 제3대 대통령 제퍼슨Thomas Jefferson(1743~1826)의 시대까지 거슬러 올라간다. 제퍼슨은 무책임한 소수 엘리트와 '선하고 지혜로운' 다수를 곧잘 비교했다. '우리 보통 사람들'이라는 수사도 능숙하게 구사했다. 이런 이유에서 그를 미국 포퓰리즘의 원조로 간주하는 사람이 많다. 제퍼슨은 땅 위에서 노

---

05 Poul Taggart, *Populism*, p.49~50 참조, 서병훈 《포퓰리즘, 현대 민주주의의 위기와 선택》 책세상 p.48 재인용

06 서병훈 《포퓰리즘, 현대 민주주의의 위기와 선택》 책세상 p. 48~49

동하는 사람이 가장 귀한 시민이라고 규정했다. '신의 선민選民'이라는 표현도 썼다. 1786년 12월의 편지에서는 이들 다수 대중의 행복을 위해 필요하다면 '어느 정도의 소용돌이, 심지어 그리 많지 않은 정도의 유혈까지도 기꺼이 감수해야 한다'는 말까지 했다. 그는 인민의 자기 지배 능력을 높이 평가하면서, 이런 능력이 전제되는 한 인민이 정부의 모든 일을 담당하는 것이 필요하고 그래야만 정부의 권력이 오래도록 정직하게 관리될 수 있다고 주장했다.[07]

그러나 미국 포퓰리즘 운동의 정화精華는 인민당People's Party에서 발견된다. 이 정당은 미국인들 사이에서 포퓰리스트당Populist Party이라는 이름으로 불리는 만큼 인민당을 빼고 미국 포퓰리즘을 생각할 수가 없다. 19세기 말에 기업가, 은행가, 대지주의 지배에 맞서 소농 지주와 숙련노동자 등이 평등한 대접을 요구하면서 출범한 인민당은 밑으로부터의 대중 운동의 전형을 보여 주었다. 인민당은 카리스마를 지닌 지도자도 없었고 엘리트 이론가가 출범을 주도한 것도 아니었기 때문에 진정한 의미의 인민 운동이라고 할 수 있었다. 당명에 인민이라는 말이 명기될 만큼 남서부 농민들이 운동의 주도 세력이었다.[08]

인민당이 태동하게 된 배경에는 남북전쟁의 후유증, 즉 경제적 갈등은 물론 도시와 농촌, 민주당과 공화당의 대립이 자리를 잡고 있었다.

---

07 Geoge Mckenna, *American Populism* p.73~74. 서병훈《포퓰리즘, 현대 민주주의의 위기와 선택》책세상 p.51~52. 재인용

08 Poul Taggart, *Populism* p.48. 서병훈《포퓰리즘, 현대 민주주의의 위기와 선택》책세상 p.52~53. 재인용

1890년대에 이르자 정치적 갈등은 민주당과 공화당의 갈등 차원에 그치지 않고 기성 정당과 반제도권 정당 사이의 다툼으로 번졌다. 민주당 내부도 경제 노선을 둘러싸고 심각한 분열로 내달았다. 이처럼 기존 정치 지형으로는 담아낼 수 없을 정도로 사회적 갈등이 격화되는 상황을 맞아 인민당이 정치판을 다시 짤 수 있는 가능성이 엿보였다.[09] 그러나 이러한 노력에도 불구하고 인민당의 노력은 실패하고 말았다. 민주당은 전통적으로 남부에 그 기반을 두었는데, 인민당도 남부를 전략적 요충으로 삼았기에 지지층이 중복되는 현상이 발생하였으며, 이 과정에서 인민당 특유의 정체성을 유지하지 못하고 민주당이라는 기존 정당과의 협력 관계를 선택함으로써 존립의 근거를 확립하지 못하였기 때문이다.

비록 짧은 기간 생존하다 물방울처럼 스러져 버리기는 했지만, 인민당은 미국 정치사에 지울 수 없는 자국을 남기게 되었다. 인민당에 의해 전개된 미국 포퓰리스트 운동은 말 그대로 농민 중심이었으며 그 운동의 주도적 이데올로기 역시 농촌에서 나왔다. 이 포퓰리스트 운동은 생산협동조합cooperative을 중심으로 급진적 풀뿌리 운동을 전개하는 등, 진정한 의미의 상향식 대중 운동의 전형을 보여주었다. 이 점에서 인민당의 활동은 도시 지식인이 앞장섰던 러시아 포퓰리스트 운동과 좋은 대조를 이룬다. 인민당 사람들은 당시 미국 사회를 잠식하던 독점자본과 이를 뒷받침하던 대규모 사회 조직에 대한 강렬한 거부감을 보

---

09 Poul Taggart, *Populism* p.29~31. 서병훈 《포퓰리즘, 현대 민주주의의 위기와 선택》 책세상 p.53. 재인용

였다. 그들은 독점 기업 때문에 자유 경쟁 원칙이 훼손된다면서 이런 '비자연적' 현상을 타파하기 위해 국가의 개입을 요청하기도 했다. 인민당은 뿌리 깊은 양당제의 벽을 넘어 독립 세력을 구축하다시피 했다. 또한 기성 정당들에게 상당한 충격을 줘, 기성 정당들도 나름대로 변화를 도모하게 만드는 등 미국 정치 지형에 큰 변화를 초래했다.[10]

2. 포퓰리즘의 특성과 주요 사례

(가) 포퓰리즘의 특성

포퓰리즘의 정의를 둘러싸고 사람들의 생각이 엇갈리지만, 그 어떤 이론가도 포퓰리즘과 인민의 특별한 관계에 대해서는 의심하지 않는다. '인민 주권론'이 포퓰리즘의 출발점이며, 인민의 위상 회복이 포퓰리즘의 지향점이라는 것에 대해서는 이론의 여지가 없다. 인민이 가장 중요한 위치에 있어야 함에도 불구하고 실제로는 권력자들에게 인민이 배신당하고 있다면 당연히 인민의 위상을 복권시키는 것이 그들의 목표가 될 것이다. 그러나 앞서 포퓰리즘의 개념에서도 말했듯이, 포퓰리즘의 정체는 대단히 다층적이고 복합적이다. 따라서 포퓰리즘의 특성을 논하는 데 있어서도 학자에 따라서 또는 주장하는 사람에 따라서 관점은 다양할 수 있다. 본 글에서는 일반적인 포퓰리즘의 특성 중에서도 필자가 주목하고 강조하고자 하는 내용을 중심으로 서술하겠다.

---

10 서병훈《포퓰리즘, 현대 민주주의의 위기와 선택》책세상 p.55. 나는 이런 부분은 포퓰리즘의 긍정적 요인이라고 생각한다.

(1) 엘리트-대중의 대립적 관계가 본질

포퓰리즘에 관한 초기 연구자 중 대표적인 인물이 바로 에드워드 쉴즈Edwards Shils였다. 그는 엘리트-대중의 대립적 관계가 포퓰리즘의 본질을 구성한다고 보았다. 즉 '권력, 부, 혈통, 문화적으로 독점을 행사하는 기득권 지배 계급이 만들어 낸 기성 질서에 대한 인민의 분노가 있는 곳이면 어디든지 포퓰리즘이 존재한다'고 생각했다. 인민의 지혜와 의지에 대한 전폭적인 신뢰, 그리고 국가, 대학, 관료제, 금융 기관 등의 기성 제도에 대한 불신이라는 양대 축 위에 포퓰리즘이 서 있다는 것이 쉴즈의 주장이다.[11]

쉴즈는 국가, 대학, 교회의 지배 체제를 거부하면서 인민에 대한 신뢰를 표방했던 독일 역사에서 포퓰리즘의 뿌리를 발견할 수 있다면서, 미국과 러시아는 물론 아시아와 아프리카의 사례까지 종합해 볼 때 저항이야말로 포퓰리즘의 기본 성격을 이룬다고 결론을 내렸다.[12] 인민

---

11 서병훈 《포퓰리즘, 현대 민주주의의 위기와 선택》 책세상 p.98. 이 점에 있어 보수주의의 시조라 할 수 있는 버크는 다른 관점을 제시한다. 버크는 '사회'를 누적된 관행, 전통, 경험의 산물로 보았다. 그렇기 때문에 영국인들이 향유하는 자유와 특권, 참정권, 하원과 상원 등의 정치 제도가 과거로부터 물려받은 것이라는 점을 강조한다. 따라서 합리주의자 또는 진보주의자 또는 이 부분에 있어 포퓰리스트들도 현재를 미래의 출발점으로 보는 데 반해, 그는 현재를 지속적이고 이음새 없이 연결해 온 과거가 도달한 정점으로 보았다. 따라서 버크는 프랑스 혁명가들의 경솔하고 무분별한 개혁을 공격하는 구절에서 '분노와 광란이 신중함, 숙고, 선견지명을 가지고 100년 동안 건설할 수 있는 것보다도 더 많은 것을 단 30분 만에 파괴할 수 있다'고 주장했다.

12 Edwards Shils, The Torment of Secrecy, p.100~103: Poul Taggart, *Populism*, p.11~12. 서병훈 《포퓰리즘, 현대 민주주의의 위기와 선택》 책세상 p.99. 재인용

에 대한 신뢰를 바탕으로 엘리트와 기성 체제에 저항하는 것을 포퓰리즘의 기본 성격으로 규정한 쉴즈의 입장은 이후 포퓰리즘 연구에서 중요한 지침이 되고 있다.

대중과 엘리트를 바라보는 시각의 문제는 고대로부터 존재해 왔다. 대부분의 사람들이 알고 있다시피 플라톤은 그리스의 아테네에서 목격되는 민주주의를 탐탁하게 생각하지 않았다. 그는 지혜를 갖춘 철학자가 정치를 담당해야 한다고 생각했다. 냉철한 이성을 갖추지 못한 대중들의 선동에 의해 스승 소크라테스가 독배를 들이키는 현실 앞에서 대중은 그야말로 짐승의 무리, 동물의 군집과 같은 존재였던 것이다. 그에게 있어 소수 철학자들이야말로 진정한 엘리트였다. 그리고 이와 같은 생각은 아리스토텔레스에게 이르기까지 어느 정도는 이어진다. 아리스토텔레스는 "소수의 뛰어난 다수가 지배자가 되어야 한다" 그리고 "한 사람이 음식을 만드는 것보다 여러 사람이 함께 음식을 만들 때 더 맛있다"라고 말하면서 다수의 중요성을 인정했다. 그러나 그의 이러한 말을 액면 그대로 받아들이는 것은 문제가 있어 보인다. 그는 교묘한 방법으로 대중의 정치 참여를 제한하였기 때문이다. 그는 농업 종사자들이 다수를 이루는 체제가 가장 바람직하다고 말했다. 왜 그럴까? 그는 대부분의 농민들이 경제적 어려움으로 생업에 바빠 정치에 관여할 만한 여유가 없다는 사실, 그리고 농지가 도시에서 멀다는 것에 주목했다. 농민들은 정치에 참여하고 싶어도 참여할 수가 없는 조건에 있었던 것이다. 반면, 상인과 육체노동에 종사하는 사람들은 지적 능력이 많이 부족했지만, 도시에 거주하여 상대적으로 정치에 관여할 기회가 많았으므로 이들을 가장 좋지 않은 집단이라 여겼다. 대중이 정치에 참여할 기회가 많을수록 나쁘다는 것은 무엇을 의미하는가? 그가 정치 참여의 조건으로 여가餘暇의 향유를 강조한 것을 생각해 보아야 한다. 그는 여가가 있어야 철학 공부를 할 수 있고, 그래야 현명한 정치적 판단을 내릴 수 있다고 생각했다. 누가 여가를 즐길 수 있는가? 자신의 생업을 대신 해결해 줄 노예를 거느린 사람, 즉 소수의 지배자들만 여가를 누릴 수 있다. 먹고사는 일에 매달려야 하는 일반 대중은 시간도 돈도 없으니 여가가 있을 리 없다. 따라서 정치에는 적합하지 않은 사람들이다. 결국 다수 대중이 정치에 참여하기 어렵기 때문에 일종의 진입 장벽을 설치하는 것이 민주주의 시대에 대처하는 아리스토텔레스 나름의 전략이었던 것이다.[13] 그 시대에도 그리고 아리스토텔레스에게도 소수 엘리트는 늘 존재했고 그들은 대중보다 위에 있었던 것이다.

(2) 이질적 세력의 연합

세계 각국의 포퓰리스트들은 가급적 거의 모든 계급을 포괄하는 계급 연합 전선을 추구한다. 라틴 아메리카 포퓰리즘이 그런 경향을 두드러지게 보여준다. 포퓰리스트 운동의 주요 지지 세력은 도시 노동자이지만 농민의 참여 또한 무시할 수 없다. 도시 노동자, 프티 부르주아지, 비경제 활동인구, 농촌 이주자, 심지어 학생, 지식인, 군인 등도 포퓰리스트 운동의 중심에 서 있다. 나아가 운동을 주도하는 세력은 대부분 중산층 출신이지만 상류 계급도 일부 가담한다. 전통적 과두 지배 계급

---

13 서병훈 《포퓰리즘, 현대 민주주의의 위기와 선택》 책세상 p.201~204.

을 제외한 거의 모든 계층이 포퓰리스트 운동의 지도자 또는 지지 세력으로 포섭, 동원되는 것이다. 그 구성비는 상황에 따라 다르지만, 이러한 연합은 모두 좁은 의미의 계급보다는 '인민'을 지향하는 이질적 사회 연합이라는 공통점이 있다.[14]

이들 지도자들은 겉으로는 현상 타파를 주장하지만, 내심으로는 기존 지배 계급 안으로의 신분 상승에 더 큰 의미를 둔다. 왜냐하면 궁극적으로는 자신들이 권력을 갖고 현 질서를 붕괴시켜야 하기 때문이다. 현실 세계에서 권력을 잡는 방법은 무력을 통한 강압적 정권 탈취와 정당한 선거를 통한 승리밖에 없다. 즉 선거에서 승리하기 위해서는 특정 계급에만 의존해서는 승리하기 어렵다는 현실적인 문제도 작용한다. 선거에서 이겨 정권을 획득하려는 정당의 입장에서는 계급 연합이 다수 유권자를 확보하는 중요한 관건이 된다. 오늘날 서구의 거의 모든 정당들이 전통적인 계급 노선을 포기하고 범 인민 전선을 펴는 것도 같은 맥락에서 이해할 수 있다. 그러나 계급 연합을 통해 선거에서 일정한 성과를 거둘 수는 있지만, 그에 대한 반대급부가 큰 것도 사실이다. 이질적인 여러 세력들을 동시에 만족시키기 위해서는 이데올로기적·정책적 혼란이 불가피하기 때문이다. 바로 이런 이질적 세력들의 연합이야말로 포퓰리즘이 무색무취의 기회주의적 행태를 보이게 되는 결

---

14 Paul Drake, "Conclusion ; Requiem for Populism?", p.218: Michael Conniff, "introduction ; Toward a Comparative Definition of Populism", p.13~23, 서병훈 《포퓰리즘, 현대 민주주의의 위기와 선택》 책세상 p.105. 재인용

정적인 이유가 된다.[15]

(3) '우리'와 '그들'의 구분

'우리'만의 통일과 연대감을 강조하는 것은 포퓰리스트 운동에 결정적인 동력을 제공해 줌과 동시에 그 한계를 설정하기도 한다. '우리'라는 것은 우리가 아닌 '그들'의 존재를 전제로 한 것이다. 즉 '우리'를 강조하는 것은 '우리'와 구분되는 다른 사람들을 차별하는 분열적 요소로 작용하기 때문이다. 포퓰리스트들은 지배 엘리트를 '우리 보통 사람'과 대칭을 이루는 '그들'로 상정한다. '그들'에 대한 적개심이 포퓰리스트 동원 전술의 근간인 것은 이미 잘 알려져 있다. 이러한 포퓰리즘은 특정 사회 집단을 '공공의 적'으로 규정하면서 일반 대중의 적대감을 고취한다. 기득권 세력, 경제적 부를 소유한 자, 이민자, 실업자, 적대 지역 거주자나 특정 인종, 동성애자를 포함한 사회적 소수자들을 혐오 세력, 주변부 세력, 극단 세력으로 몰아붙이면서 공격하는 것이 그 예다.[16]

포퓰리스트들은 특히 외국 이민자들을 '그들'의 범주에 포함시켜 직선적이고 표피적인 민족 감정을 부채질한다. '그들'이 자신의 일자리를 빼앗는다고 생각하는 저소득 노동자들을 선동한다. 동시에 엘리트들이 주도하는 세계주의, 국제주의를 배격한다. 프랑스의 극우 포퓰리즘 정당 국민연합Rassemblement National이 직업, 주택, 사회 복지 등에서 '프랑스 사람 우선' 정책을 표방하며 노골적으로 외국 이민자들을 경계하

---

15 서병훈 《포퓰리즘, 현대 민주주의의 위기와 선택》 책세상 p.107~108.

16 서병훈 《포퓰리즘, 현대 민주주의의 위기와 선택》 책세상 p.111.

는 것도 같은 틀에서 이해할 수 있다.[17]

미국의 유력 대선 후보 트럼프의 '미국 우선주의' 또한 이런 맥락에서 보면 전형적인 포퓰리스트의 전략이다. 이런 전략은 특정 집단에 대해 피해 의식이나 불만을 가진 사람들을 결집시켜 자기편으로 전환하는 데 매우 유용하다. 포퓰리즘 지지 세력을 한데 묶을 연결 고리가 없는 상황에서 특정 대상을 구체적인 적敵으로 상정하는 것은 그들 나름의 연대 의식을 고취하는 데 크게 도움이 된다.

(4) 대의 민주주의 부정

포퓰리스트들은 현대 민주주의의 근간이 되는 대의정치에 대해 강한 불신감을 보인다. 대의제代議制가 제대로 작동하기 위해서는 대표와 침묵하는 다수 사이에 직접적인 연결 고리가 있어야 하지만 부패한 엘리트가 존재하는 상태에서는 그런 연결을 기대할 수 없다는 것이다. 따라서 포퓰리스트들은 대의제를 넘어 인민의 직접 정치를 실현해야 한다고 주장한다.[18] 대의제는 처음 등장했을 때부터 '엘리트의 지배 도구'라는 좋지 않은 혐의에서 자유롭지 못했다. 미국 독립선언이 나올 무렵까지는 '민주주의'란 곧 직접 민주주의를 의미했다. 제퍼슨 등 연방주의자들은 이런 민주주의의 대칭 개념으로, 즉 가난한 사람들도 일정

---

17 Paul Taggart, "Populism and Pathology of Representative Politics" p.77: Tjitske Akkeman, "Populism and Democracy ; Challenge or Pathology?" p.149, 서병훈 《포퓰리즘, 현대 민주주의의 위기와 선택》 책세상 p.111. 재인용

18 Tjitske Akkeman, "Populism and Democracy ; Challenge or Pathology?" p.151~152, 서병훈 《포퓰리즘, 현대 민주주의의 위기와 선택》 책세상 p.115. 재인용

한 몫과 발언권을 가지지만 유산자나 부자들을 압도하거나 그들의 이익을 무시하지 못하게 하는 정치 체제라는 뜻으로 제한 정부, 공화주의 또는 '대의제 정부'라는 말을 썼다. 해밀턴은 단도직입적으로 대의 정부가 "민주주의의 무분별을 제어하며, 부자나 귀족들이 정부 안에서 두드러지고 항구적인 지분을 확보하게 해 줄 것"이라고 기대했다.[19] 즉 무분별한 대중의 영향력으로부터 지배 엘리트들의 몫을 어느 정도 지켜주리라 본 것이다.

현대 대의제를 뒷받침하는 정치철학의 큰 흐름도 연방주의자들의 문제의식과 크게 다르지 않다. 대의제의 원활한 작동을 위해 대표가 유권자의 선호로부터 어느 정도 독립성을 보장받아야 할 필요성을 다수 학자들이 강조한다. 그래서 대표가 유권자들의 뜻을 앵무새처럼 따르는 '구속적 위임'을 부인한다. 또 대표의 자율성을 강화하기 위해 대표의 임의적 해임 또는 소환도 인정하지 않는다.[20] 이런 엘리트주의적 속성을 지닌 대의제를 포퓰리스트들이 좋아할 리가 없음은 불을 보듯 뻔하다. 그들의 논리에 따르면 인민주권의 가장 큰 걸림돌이 바로 대의제일 수도 있는 것이다. 이런 맥락에서 포퓰리스트들은 현대 대의제가 비효율적일 뿐 아니라 특정 이익 집단에 사로잡힌 나머지 전체 인민을 대

---

19 Anthony Arblaster, Democracy (Buckingham ; Open Univ., 1994), p.37~38, 서병훈 《포퓰리즘, 현대 민주주의의 위기와 선택》 책세상 p.115. 재인용

20 Bemard Manin, *The Principle of Representative Government*, p.250, 서병훈 《포퓰리즘, 현대 민주주의의 위기와 선택》 책세상 p.116. 재인용

표하지 못하고 있다고 비판한다.[21]

포퓰리스트들은 인민의 의지가 어떤 제도보다도 더 높은 위상을 가져야 한다고 주장한다. 인민은 지혜로운 존재이고 국정의 방향에 대해 충분히 자기 의견을 가질 수 있기 때문에, 대표는 그저 인민의 목소리를 듣기만 하면 된다는 것이다. 따라서 그들은 기득권의 대변자에 불과한 전문 정치인을 배제하고 인민이 직접 참여하는 단순한 정치 제도를 주창한다. 복잡한 정치 구조에 의지하는 대신, 엘리트의 매개가 필요 없는 국민투표와 같은 방식을 통해 인민들이 직접 중요한 정책을 결정토록 하자는 것이다. 또한 지배 정당과의 차별화를 강조하며 당원이 직접 참여하는 새로운 조직 형태도 추구한다.[22]

(5) 인민을 내세우고 '인민 주권론'을 주장

포퓰리즘에서 거론되는 인민이라는 개념이야말로 각국의 포퓰리스트 운동이 산발적으로 보여주는 여러 현상을 설명하는 데 핵심적 역할

---

21 하이에크Friedrich Hayek는 의회가 이익 집단의 포로가 된 것을 민주주의가 타락한 원인 중의 하나로 지적한다. "'의회'의 대표자들이 유권자들의 지지를 확보하기 위해 그 사람들에게 이익이 되는 일에만 관심을 보인다 ··· 의회가 수많은 이익 집단들에게 특혜를 베푸는 것이 마치 정의로운 일이기나 한 것처럼 꾸며대는 것은 한마디로 우스운 일이 아닐 수 없다 ··· 의회는 각 이익 잡단의 주장을 구분해서 판단하기 보다 흥정과 타협에 따라 그들에 대한 정책을 결정한다 ··· 정책이라는 것이 이처럼 각 이해 당사자들의 타협의 산물에 지나지 않는다는 인식이 확산되면서 오늘날 일반인들에게 '정치'는 혐오의 대상으로 자리 잡게 된 것이다." 프리드리히 하이에크 《법, 입법 그리고 자유 III》 서병훈 옮김 (자유기업센터, 1997) p.31~34

22 Margaret Canovan, "Populism for Political Theorists?", p.242: Paul Taggart, Populism, p.75, 서병훈 《포퓰리즘, 현대 민주주의의 위기와 선택》 책세상 p.117. 재인용

을 한다. 즉 '인민'은 여러 다양한 형태의 포퓰리즘을 한데 묶을 수 있는 공통분모임에도 불구하고 그것이 무엇을 뜻하는지는 명확하지 않다. 언어와 문화에 따라 인민의 의미에 대한 해석도 달라지기 때문이다. 인민을 뜻하는 영어 단어 'People'은 라틴어 'Populus'에서 유래했다. 라틴어 'Populus'는 '주권자', '민족nation', 그리고 지배 엘리트와 대비되는 '보통 사람common people' 등의 뜻을 담고 있었다. 그러나 영어 'People'은 이에 덧붙여 통상적 의미의 '인간' 또는 특별한 의미 없이 사용되는 '개인들'이라는 뜻도 가지고 있다.[23]

프랑스어에서는 그 의미가 좀 다르게 사용된다. 영어의 'People'이 개인의 집합을 지칭하는 경향이 강하다면, 'People'에 해당하는 프랑스어 'le Peuple'은 '시민들의 연합에 의해 구성된 공동체 전체'에 가깝다. 때로는 경멸적인 의미로 '사회의 하위 계층'을 가리키기도 한다.[24]

그러나 20세기에 이르러 상황이 달라졌다. 이제 '인민'이 '주권 보유자로서의 시민'이라는 말과 거의 같은 의미로 격상된 것이다. 그러나 이 말 속에는 '민주적 권리의 향유자'라는 위상과 더불어 여전히 '위험하고 비이성적인 평민'이라는 원래 뜻도 숨겨져 있다.[25]

---

23 Margaret Canovan, "Populism for Political Theorists?", p.247~248, 서병훈 《포퓰리즘, 현대 민주주의의 위기와 선택》 책세상 p.120. 재인용

24 Yves Meny·Yves Surel, 'The Constitutive Ambiguity of Populism', p.21 각주 1, 서병훈 《포퓰리즘, 현대 민주주의의 위기와 선택》 책세상 p.120. 재인용

25 포퓰리스트들의 '인민'과 그 반대편 사람들의 '대중'을 비교해 보는 것도 괜찮을 것 같다. 《대중의 반역》을 쓴 오르테가 이 가세트Ortega y Gasset의 용어사전을 보면 보수주의 논객의 주관이 한눈에 드러난다. 그에 따르면 사회는 언제나 소수와 대중이라는 두 요소로

따라서 포퓰리스트들의 담론 속에 등장하는 인민은 '위험한 존재'와 '고상한 존재'의 합성물이다. 미국 포퓰리즘의 경우에는 인민에 대한 보다 적극적인 평가를 많이 담고 있다. 한편으로는 희생의 미덕을 가진 자이고, 다른 한편으로는 이른바 문명인들의 세련된 지식보다 훨씬 고귀한 본능적 삶을 살아가는 사람들이 바로 포퓰리스트들이 상정하는 인민이다.[26]

그러므로 포퓰리스트는 '인민이 주인이 되는 사회의 건설'을 목표로 삼고 있지만, 정작 누구를 위한 사회인지는 그들 자신도 분명하게 정의하지 못하고 있다. 인민이 무엇을 뜻하는지, 인민의 실체가 무엇인지가 분명하지 않기 때문에 시간과 공간에 따라, 포퓰리스트들의 필요와 전략에 따라 인민은 다양한 모습을 띨 수밖에 없고, 상황에 따라 카멜레

구성된다. 단 그는 계급이 아니라 '우수성'이라는 기준으로 두 집단을 구분한다.

소수는 특별한 자격을 갖춘, 즉 '다른 사람들보다 자신에게 더 많은 것을 요구하면서 스스로 어려움과 부담을 누적시키는' 개인들의 집합이다. 우수한 사람은 어떤 탁월한 것을 위해 자신의 삶을 바치지 않을 때 그 삶은 무의미하다고 생각한다. 그들은 봉사의 삶을 살면서도 그것을 압박이라고 생각하지 않는다.

대중은 그런 자격을 갖추지 못한 사람들의 집합으로서, 평균인이라고도 한다. 이들은 자신을 '다른 모든 사람들'과 동일시하면서 불편함보다는 편안함을 느끼고 자신에게 아무런 부담도 지우지 않는다. 평범한 인간은 소극적, 정지 상태의 삶을 살면서 자기에게 만족한다. 그는 괴테의 말을 인용해서 '제멋대로 사는 것이 평민의 삶'이라고 규정한다. 오르테가는 인간 사회는 원하든 원치 않든 본질적으로 언제나 귀족 중심적이며, 귀족적인 것을 저버리는 순간 사회이기를 포기해야 한다고 결론짓는다. 오르테가 이 가세트 《대중의 반역》 황보영조 옮김(역사 비평사, 2005), p.19~22, 28~31, 88~91, 서병훈 《포퓰리즘, 현대 민주주의의 위기와 선택》 책세상 p.121. 각주 171 재인용

26 Francisco Paniza (ed.), *Populism and the Mirror of Democracy*, p.14~15, 서병훈 《포퓰리즘, 현대 민주주의의 위기와 선택》 책세상 p.122. 재인용

온처럼 변신을 거듭한다. 그래서 그들은 기회주의적으로 처신한다는 지적을 받기도 하고 수사학적인 말장난만 늘어놓는다는 비난을 받기도 하는 것이다. 이런 이유에서 포퓰리즘과 인민을 연결시키는 논의는 자칫 '출구 없는 골목'에 갇힐 위험이 있다.

(6) 감성 자극적 선동 행위

포퓰리스트 운동은 이성적 논리보다 감성 자극적인 단순 논리가 좌우한다. 포퓰리스트 운동에 호감을 갖는 추종자들은 대체로 낮은 교육 수준의 사회적 약자요, '패배자'들이다. 포퓰리스트 지도자는 마치 가장이 사회적 경제적으로 자립하지 못하는 자녀를 돌보듯이, 무력한 대중을 정신적, 물질적으로 도와주거나 그들의 절박한 상황을 개선해 주겠다고 약속한다. 이 과정에서 지도자의 대중적 호소력과 뛰어난 언변이 주요 무기로 동원됨은 물론이다. 그리하여 지도자와 인민 사이에 일방적이고 감정적인 관계가 형성된다. 즉 선동적인 포퓰리스트 정치인의 개인적 매력에 바탕을 둔 하향적 연대downward alliance가 만들어지는 것이다.[27]

히틀러와 같은 과거의 대중 선동가들은 대규모 군중집회를 선동의 장으로 활용했다. 1950년대 아르헨티나의 후안 페론Juan Perón도 필요에 따라 수만 내지는 수십만 명의 지지 세력을 동원해서 정치적 효과를 극대화하곤 했다. 현대에 이르러서는 텔레비전과 같은 미디어와 인터넷

---

27 Steve Stein, Populism in Peru: The Emergence of the Masses and the Politics of Social Control(Madison: Univ. of Wisconsin Press, 1980), p.10, 서병훈 《포퓰리즘, 현대 민주주의의 위기와 선택》 책세상 p.126. 재인용

상의 각종 SNS가 그 역할을 대신해 준다. 세계 각국의 포퓰리스트 정치인들은 미디어의 중요성을 누구보다 잘 알고 있다. 그들은 한결같이 '커뮤니케이션의 귀재'라는 말을 들을 만큼 미디어를 잘 활용하고 미디어에 대한 의존도가 높다는 점에서 기성 정치인들과 뚜렷이 구분된다.[28]

(7) '지금', '여기'에 집중

포퓰리스트들은 '여기, 지금here and now'에 초점을 맞춘다. 그들은 추상적 표현이나 먼 후일에 해당하는 이야기는 하지 않는다. 너무 거창하고 고상한 것도 멀리한다. 그 대신 구체적이고 생생한 느낌을 주는 주변의 일, 즉각적인 일을 화제로 올린다. 모든 사람의 일상적인 일을 주된 관심 대상으로 삼는다. 멀리 떨어져 있는 생소한 사람의 고통은 모른 척한다. 그것은 남의 일이나 마찬가지다. 대안은 즉각적이고 가시적인 효과가 있어야 한다. 그들은 언제든지 구체적인 특정 상황, 그리고 듣는 사람이 바로 자신의 일인 양 여길 수 있을 만한 과제에 힘을 쏟는다. 그러다 보니 문제의 근원을 해결할 수 있는 장기적이고 구조적인 해결책보다는 근시안적이고 자신에게 즉각적인 이익을 줄 수 있는 가시적 변화에 더 눈길을 준다. 그 결과 자기 모순적이고 장기적으로는 오히려 손실을 줄 수밖에 없는 정책에 대해서도 무비판적으로 휩쓸리는 경향이 있다. 대표적인 것이 무분별한 복지 지원이다. 국민들에 대한 복지 지원은 한번 시행하면 되돌리기가 대단히 어렵고 국가 경제에 부담이 크다. 복지 지원은 지금 당장에 지원을 받는 사람들은 좋아하고

---

28 서병훈 《포퓰리즘, 현대 민주주의의 위기와 선택》 책세상 p.132.

지지 의사를 표현하겠지만, 장기적으로 보면 우리 또는 우리의 후손들이 갚아야 할 부채인 것이다. 경우에 따라서는 봄에 뿌려야 할 종자로 밥을 해 먹거나 황금알을 낳는 오리의 배를 갈라 먹는 어리석은 결과를 초래할 수 있다. 미래에 대한 대비를 등한시하니 체계적 교리나 학설로 정체성을 확립하게 되는 것이 아니라 특정 시대, 특정 지역에 잠시 나타났다 사라지는 증후syndrome에 가깝게 된다.

(가) 포퓰리즘의 주요 사례

(1) 아르헨티나의 후안 페론과 에바 페론Eva Perón

후안 페론은 아르헨티나의 살아있는 전설이다. 33세라는 젊은 나이에 유명을 달리한 그의 아내 역시 끊임없는 논란의 한가운데 서 있다. 페론은 1943년에 군부 정권에 참여한 뒤 육군 장관 겸 노동·복지부 장관 자리에 앉게 된다. 1944년 1월 한 자선 모임 행사장에서 페론은 성우 겸 아나운서로 활약하던 에바 두아르테라는 여인을 만나 곧 깊은 인연을 맺게 된다. 페론은 1945년 부통령과 국방부, 노동·복지부 장관을 겸직함으로써 명실공히 최고 실력자로 부상하지만, 군부 내부의 권력 다툼 때문에 구금을 당하고 만다. 이 위기의 순간, 당시 3개 라디오 방송에 겹치기 출연을 할 정도로 이름을 날리던 에바는 방송을 통해 노동자들과 소외 계층 사람들의 권리를 호소했다. 이에 호응한 수만의 군중이 대통령궁 앞 '5월 광장'에 모여 '페론 석방'을 외쳤고 시위는 점점 과격해지기 시작했다. 위협을 느낀 군부는 8일 만에 페론을 석방하지 않을 수 없었다. 페론은 에바와 함께 30만여 명의 환영 군중 앞에 나와 '아르헨티나를 일류 복지 국가로 만들 것'을 약속했다. 이 여세를 몰아 페론은 1946년 2월 대통령 선거에서 54%의 지지로 대통령에 당선되었고, 1951년에도 67%의 지지를 얻어 재선에 성공했다.[29]

에비타Evita라는 애칭으로 더 널리 알려진 에바 페론(1919~1952)은 '가난한 사람들을 위해 투쟁한 건설적인 사회 운동가'라는 찬사와 지나친 사치와 인기 영합으로 아르헨티나를 망친 '포퓰리즘의 대명사'라는 악평을 동시에 듣고 있다. 그래서 에바를 '거룩한 악녀이자 천한 성녀'라는 말로 압축하는 사람도 있다. 에바 페론은 가지지 못한 자, 뒤처진 자들을 위해 뜨겁게 헌신했다. 그들에게 그녀는 자상한 어머니와도 같은

〈그림 1〉 연설하는 에바 페론

29 서병훈 《포퓰리즘, 현대 민주주의의 위기와 선택》 책세상 p.67.

존재였다. 그러나 문제는 그녀가 사랑을 실천하는 방법에 있었다. 에바는 대중이 원하는 것들을 즉흥적으로 선사하기를 좋아했는데, 이는 곧 어두운 그림자를 드리우기 시작했다. 초등학교에서 페론 부부를 찬양하는 글짓기 숙제를 내주는가 하면 에바의 자서전을 교재로 쓰는 일이 벌어지기도 했다. 또한 그녀는 명실상부한 제2인자의 자리에 오르고자 하는 야망도 숨기지 않았다. 결국 그녀는 1952년 척수백혈병과 자궁암으로 쓰러지고 만다.[30]

페론은 집권 후 5개년 계획을 수립해 공공사업을 확대하면서 교육 개혁과 사회 개혁 등을 추진했고, 농업과 축산업에 의존하던 경제의 체질을 바꿔 공업화의 시동을 걸었다. 그리고 페론주의를 내세워 외국인 소유의 철도·전화 회사들을 국유화하고 모든 외채를 청산했다. 페론 집권 초기에 농축산물의 수출이 늘어났는데 이는 그의 권력 기반을 다지는 데 크게 도움이 되었다. 그러나 페론이 추진한 공업화 정책은 수입 대체 전략에 따라 경공업과 소비재 위주로 이루어졌기 때문에 자본재 수입의 증가에 따른 외환 사정의 어려움을 피할 수 없었다. 이런 위기 속에서 페론은 헌법을 개정해 대통령 직선제를 도입하고 대통령 임기를 6년으로 연장하는 등 대통령의 권한을 강화하기 시작했다. 그는 1955년에 광공업 분야에 대한 적극적인 외자 유치를 도모했지만, 자신들의 입지가 불리해질 것을 염려한 노동자들이 폭동을 일으키게 된다. 해군 항공기가 대통령궁을 폭격하는 사태가 벌어지더니 결국 1955

30 서병훈 《포퓰리즘, 현대 민주주의의 위기와 선택》 책세상 p.67~68.

년 9월 군부 쿠데타에 의해 페론은 권좌에서 밀려나 스페인 망명길에 올랐다.[31] 페론은 78세가 된 1972년 11월, 50만 인파의 열렬한 환호 속에 귀국하여 이듬해 9월 62%의 지지율로 다시 대통령에 당선되나 소요와 폭동이 이어지는 와중인 1974년 7월 1일 사망한다. 페론이 사망하자 1976년 쿠데타가 일어났고, 결국 정권은 붕괴되고 말았다. 페론 정권에 대한 평가는 사람에 따라 정반대로 엇갈린다. 한편에서는 페론 정권을 아르헨티나 몰락의 원흉으로 지목한다. 선심성 정책과 위기를 호도하는 사탕발림이 페론주의의 본질이라는 것이다. 그러나 페론의 집권 시기를 아르헨티나 역사상 소득 분배가 가장 잘 이루어지고 산업 역시 활발하게 움직였던 때로 평가하는 사람들도 있다.[32]

(2) 베네수엘라의 우고 차베스Hugo Chávez

공수부대 장교 출신인 차베스는 1999년 처음 권좌에 올랐다. 2004년에 야당이 320만 명의 서명을 받아 대통령 소환을 결정하는 투표를 밀어붙였지만 58%의 국민이 그의 소환에 반대해 위기를 넘겼다. 그는 '새로운 정치와 사회, 경제 건설을 위한 신사회주의 헌법 개정'을 천명하면서 미국 국적의 전력·전화·통신 회사 등과 외국 석유 기업들의 전면적인 국유화를 선언했다. 그는 부자와 가난한 자를 편 가르고 기득권 세력을 정치 과정에서 배제시켜 사회적 갈등을 심화시키는 등 전형적인 포퓰리스트 전술을 채택하였다. '21세기 사회주의', '빈민에게 권력

31 서병훈 《포퓰리즘, 현대 민주주의의 위기와 선택》 책세상 p.69~70.

32 서병훈 《포퓰리즘, 현대 민주주의의 위기와 선택》 책세상 p.70~71.

을'이라는 구호를 내걸며 빈민에게 무료 의료, 교육 서비스를 제공하고 식료품비를 보조함으로써 가난한 사람들의 환심을 샀다. 또한 연간 20만 채의 집을 지어 주겠다는 실현 불가능한 공약을 내세우기도 했다.[33]

차베스는 반미 전선을 구축하기 위해 주변 국가에 대한 경제 지원에도 공을 들인다. 예를 들면 쿠바에 국제 유가의 절반 가격으로 석유를 공급하는데, 이는 쿠바에만 1년에 22억 달러 규모의 예산을 지원해 주는 셈이 되었다. 심지어 영국 런던의 저소득층 시민들의 버스 요금을 반값으로 깎아 주기 위해 1년에 3,200만 달러를 쓰기도 했다. 2003년 이후 그가 이런 식으로 라틴 아메리카를 비롯한 세계 각국 좌파와의 연

〈그림 2〉 우고 차베스 / By José Cruz/ABr

33 서병훈 《포퓰리즘, 현대 민주주의의 위기와 선택》 책세상 p.71.

대를 강화하기 위해 쓴 돈은 총 300억 달러나 된다. 2007년 미국 등 서방 세계에서는 그의 이러한 포퓰리스트적 선심성 정책이 '황금알을 낳는 거위(석유산업)'를 굶겨 죽여 석유 의존도가 높은 베네수엘라의 미래를 망칠 것이라고 지적하였는데, 2014년 미국의 셰일가스 혁명으로 세계 유가가 폭락하자 석유 수출에 지나치게 의존하던 베네수엘라는 대체 산업이 없어 경제에 심각한 타격을 입게 되었고, 17년이 지난 지금 그 예측은 현실이 되어 수많은 베네수엘라 난민들이 빵과 식료품, 그리고 직업을 찾아 인접 국가의 국경을 넘고 있다.

(3) 프랑스의 장마리 르펜Jean-Marie Le Pen

유럽의 포퓰리스트 정치인 가운데 프랑스의 르펜(1928~)은 최고 성공

〈그림 3〉 장 마리 르펜 / By Gonzalo Fuentes/REUTERS

사례로 꼽힌다. 국민전선(현 국민연합)을 이끄는 르펜은 2002년의 대통령 선거에서 16.9%의 지지를 획득하면서 결선 투표에 진출하는 성과를 거두기도 하였다.

그는 인도차이나 전쟁과 알제리 전쟁에 참전했고 대통령 선거에 네 번이나 출마한 경력을 가지고 있다. 그는 파리의 기성 정치권에 대한 유권자들의 불신에 편승하면서 파리 기성 정치인들을 겨냥해 '인민들과 동떨어진 채 자기 이익만 챙기는 엘리트'라고 공격하면서, 동시에 반 이민정책 등 외국인 혐오증을 드러내는 공약으로 지지층을 확대해 나갔다. 2007년의 선거에서도 '프랑스 사람들을 돌보는 것을 제1 관심사로 하지 않는 현실을 개탄한다'면서 프랑스 국민의 민족주의적 감정을 노골적으로 자극했다. 비록 르펜의 인기가 하향세를 타고 있지만 그의 지지층은 여전히 견고하며 이제는 다른 정치인들이 그의 선거 전술을 모방하기 시작했다.[34] 그가 정계를 은퇴한 이후에는 그의 막내 딸 마린 르펜Marine Le Pen이 아버지를 이어 당대표가 되어 영향력을 행사했고, 그녀는 2012년 대통령 선거를 앞두고 실시한 여론조사에서 당시 대통령인 니콜라 사르코지Nicolas Sarközy와 제1야당 사회당의 총재 마르틴 오브리Martine Aubry를 누르고 1위를 차지하기도 했다. 결론적으로는 대통령에 당선되지도 못했고, 2017년 재도전에도 실패했으나 아직도 국민연합의 총재를 맡으면서 막강한 영향력을 행사하고 있다.

34 서병훈《포퓰리즘, 현대 민주주의의 위기와 선택》책세상 p.78~80.

(4) 오스트리아의 외르크 하이더Jörg Haider

오스트리아에서는 사회당과 인민당이 장기간 대연정을 실시해 왔다. 하이더가 자유당의 지도자가 되었을 때 자유당의 지지도는 1~2%에 지나지 않아 정당으로서 존폐의 기로에 서 있었다. 그러나 하이더가 당권을 잡으면서 이야기가 달라진다. 그는 민생에 무관심한 기존 정치권에 맞서 '보통 사람들'의 대변자 역할을 자임하고 나섰으며, 반외국인 감정을 증폭시켰다. 노동자 등 세계화 추세에 불안을 느끼는 사람들을 자유당 지지층으로 흡수하기 위해서였다. 그 결과, 1999년 선거에서 자유당이 27%의 지지율로 인민당을 제치고 2위로 올라섰다. 하이더는 적과 아군을 구분하는 전형적인 포퓰리스트 전략을 구사했다. 즉 일

〈그림 4〉 외르크 하이더 / By sugarmeloncom

을 열심히 하고 민족적 가치와 전통을 지키는 '선량한 오스트리아 사람들' 전부를 '우리'라고 규정한 반면, 집권당, 노조의 관료적 간부들, 정치적 논쟁에 일반인들의 참여를 봉쇄하는 좌파 예술가 및 지식인, 그리고 외국인을 '그들'이라고 부르며 적대시했다. 그는 특히 이민자들이 열심히 일하는 선량한 오스트리아인의 일자리와 오스트리아의 전통적 삶의 양식을 위협한다면서 반외국인 정서를 한껏 자극했다. 또 이민을 얼마나 받아들일 것인지 인민 스스로 결정할 수 있어야 한다며 "어느 방향으로 갈 것인지를 누가 결정해야 하는가? 나는 인민이 그 결정권을 가져야 한다고 믿는다. 인민이 최고 주권자라는 사실에 대해 확신을 못 가진다면 그것은 곧 민주주의의 본질을 의심하는 것이나 마찬가지다. 인민은 그저 4년에 한 번 투표나 하는 존재가 아니다. 인민은 국가의 장래에 중요한 영향을 미치는 문제에 대해 상당한 발언권을 가져야 한다."고 주장하였다. 그러나 그의 성공은 오래가지 못하였다. 자유당은 내분으로 2006년 선거에서 11.2%를 득표하는 데 그쳤다.[35]

⑸ 이탈리아의 실비오 베를루스코니Silvio Berlusconi

베를루스코니는 기업 활동으로 기반을 닦은 뒤 정계에 진출한 사람이다. 그는 1937년에 은행원 집안에서 태어나 한때 유람선 가수로 활동하다가 아파트 건설업으로 재산을 모았다. 그는 각종 미디어 사업에 집중적으로 투자해 언론을 장악했고, 프로 축구단 'AC 밀란' 등을 보유하며 이탈리아 최대의 재벌이 되었다. 그는 1990년대 초반에 기독교민주

---

35 서병훈 《포퓰리즘, 현대 민주주의의 위기와 선택》 책세상 p.80~82.

당이 붕괴하자 중도우파 유권자를 흡수하기 위해 '전진 이탈리아Forza Italia'라는 정당을 발진했다. 그리고 1994년에 국민연합, 북부 리그 등과 전후 최초의 우파 연정을 출범시키면서 총리에 올랐으나 연정 붕괴로 7개월 만에 물러났다가, 2001년 5월 총선에서 우파 연합을 이끌고 두 번째 총리직에 오르는 데 성공했다. 그는 영세 상인들과 보통 사람들의 이익을 옹호하기 위해 정치 문호를 개방하는 한편, 기득권 계층이나 정치인과는 담을 쌓았다. 그는 쇼맨십이 뛰어난 정치인이다. 미디어 전문가들의 도움을 받아 대중의 감정에 닿을 수 있는 구호와 색상, 마스코트를 만들어 인기를 누렸다.[36]

〈그림 5〉 실비오 베를루스코니 / By European People's Party

---

36 서병훈 《포퓰리즘, 현대 민주주의의 위기와 선택》 책세상 p.82~83.

(6) 일본형 포퓰리즘

일본에서도 포퓰리즘이라는 말이 널리 퍼지고 있는데, 특히 고이즈미 준이치로小泉純一郎 전 일본 총리를 전후 대표적인 포퓰리스트로 규정하는 주장이 제기돼 주목을 끌고 있다. 고이즈미는 취임 초기 한때 80%대까지 지지율이 치솟았고, 집권 3년차에도 50%대의 높은 지지율을 유지했다. 일본의 역대 총리 중 이 정도의 지지율을 유지한 사람은 없었다. 오다케 히데오 교토대학 교수는 『일본형 포퓰리즘』이라는 저서에서 포퓰리즘의 성격을 이렇게 규정한다. '이해의 대립을 조정하는 장으로 정치를 바라보는 대신 보통 사람과 엘리트, 선과 악, 적과 동지

〈그림 6〉 고이즈미 준이치로 / By 首相官邸ホームページ

라는 이원론의 관점에서 바라본다. 정치 과정을 드라마처럼 본다는 특징을 갖는다. 따라서 정치 쟁점이 단순화되고 도덕화된다. 특권과 기득권을 손에 넣은 악당에 대해 국민의 도덕을 체현한 지도자가 도전한다는 구도가 만들어진다. 정적에게 수구파, 저항 세력이라는 딱지를 붙이는 것도 유효한 수단이 된다.'[37]

오다케는 고이즈미의 정치 행태에 '신자유주의형 포퓰리즘'이라는 이름을 붙인 뒤, 그와 미국의 포퓰리스트 정치인 레이건 대통령을 다음과 같이 비교한다. 첫째, 레이건이 신자유주의 사상을 배경으로 했던 것과 달리 고이즈미는 철학이나 사상적 체계성이 없다. 관료와 공무원을 비판하는 것이 고이즈미 전술의 핵심이다. 둘째, 두 사람 다 텔레비전을 통해 대중에게 호소하는 것을 즐겼다. 그러나 강한 슬로건과 정책으로 국민에게 자신감을 불어넣은 레이건의 '포지티브 포퓰리즘'과는 달리, 고이즈미는 간결하고 명쾌한 말로 국내의 정적을 공격한다든지 애매한 슬로건으로 문제의 본질을 흐리는 스타일을 취했다. 오다케는 '가장 정치인답지 않은 정치인'이라는 이상한 이유 하나만으로 대중의 마음을 휘어잡은 고이즈미 열풍의 그늘에서 일본형 '네거티브 포퓰리즘'을 목격하게 되었다고 말했다.[38]

---

37 서병훈 《포퓰리즘, 현대 민주주의의 위기와 선택》 책세상 p.87.

38 일본의 고이즈미와 한국의 노무현 대통령을 공히 '포퓰리스트'라고 규정하면서, 이들 정권이 등장할 수 있었던 원인으로 양국민이 자국의 정치 제도와 정치인에 대해 품고 있는 극도의 불신감을 지목한 논문도 눈여겨 볼 만하다. 이 연구에 따르면 정치인에 대한 2004년도의 신뢰도 조사에서 한국은 104개의 국가 중 85위, 일본은 37위를 차지했다. 정부에 대한 신뢰도 역시 최하위권을 맴돌았다.(37개국 중 한국 32위, 일본 34위) 이런 상

고이즈미는 대중에게 직접 호소하기 위해 전방위로 나섰다. 그는 자신의 개인 이미지를 능숙하게 관리했음은 물론이고, 대중 토론과 연설에서 어떻게 연기하고 어떤 몸짓을 취해야 하는지도 잘 알고 있었다. 무엇보다 고이즈미는 자신감을 가지고 권위 있게 처신했다. 정치인이나 관료들이 상투적으로 쓰는 말 대신 참신하고 일상적인 말을 의도적으로 사용했다. 그 결과 대중들은 그를 독특한 외모와 카리스마를 지닌 지도자로 인식하기에 이르렀다. 이 과정에서 300만 달러 상당의 고이즈미 인형과 마스크, 휴대전화 고리, 포스터가 뿌려졌다. 그는 일찌감치 미디어의 중요성을 간파했다. 그래서 대중에게 직접 호소하기 위해 텔레비전을 집중적으로 활용했다. 고이즈미는 '과거의 규칙에 연연하지 않는다'는 이미지를 심어 주기 위해 대중적 인기가 높은 스포츠 신문과 인터뷰를 했고, 오락성이 강한 텔레비전 뉴스 프로그램에 출연하기도 했다. 총리 관저에 카메라 기자가 출입하는 것도 허용했다. 그의 텔레비전 출연이 홍수를 이루면서 그는 '연예 정치'의 전형을 보여주었다.[39]

(7) 필리핀과 말레이시아의 상황

필자는 최근 필리핀과 말레이시아에 각각 약 한 달간 머물면서 두 국가를 비교할 기회가 있었다. 두 국가 모두 동남아시아에 위치하면서 매

황에서 개혁을 추진하자면 정당을 제쳐 두고 인민에게 직접 메시지를 전달하며 호소할 수밖에 없었다는 것이다. kan kimura, "Nationalistic populism in Democratic Countries of East Asia", 〈한국정치연구〉, 16(2)(2007), 283~287, 서병훈 《포퓰리즘, 현대 민주주의의 위기와 선택》 책세상, p.87~88. 재인용

39 서병훈 《포퓰리즘, 현대 민주주의의 위기와 선택》 책세상 p.90.

우 무더운 열대성 기후에 노출되어 있고 인종 또한 말레이인이 대부분을 차지한다. 그러나 그 분위기는 사뭇 많이 달랐다. 필리핀의 길거리는 매우 지저분하고 도로 정비가 미흡할 뿐만 아니라 도시 안으로 들어가면 구걸하거나 길거리에서 과일을 들고 물건을 파는 어린이들이 종종 목격된다. 반면 말레이시아의 도로는 비교적 깨끗하게 정비되어 있는 것은 물론 구걸하거나 물건을 파는 어린이들도 눈에 띄지 않는다. 과거 60년대에는 두 나라 모두 비슷한 1인당 국민소득(필리핀 264달러, 말레이시아 244달러)을 보였고, 오히려 필리핀이 약간 더 많았다. 그런데 1980년대가 되면 필리핀은 761달러, 말레이시아는 1,852달러로 말레이시아가 2배 이상 많게 되고, 2021년이 되면 필리핀 3,460달러, 말레이시아는 11,109달러로 거의 4배 이상 차이가 나게 된다. 무엇이 이런 차이를 만들게 되었을까? 물론 이를 한두 가지 원인으로 콕 짚어서 말할 수는 없을 것이다. 그러나 필자는 가장 큰 요인으로 두 국가 모두 한 사람에 의한 오랜 독재 시대를 겪었기 때문에 그들의 리더십 차이가 지금의 차이를 만드는 데 가장 큰 영향을 미쳤다고 본다. 우리나라의 웬만한 기성세대들은 다 알고 있다시피 두 국가 모두 특정 인물이 장기간 독재를 시행했다. 필리핀은 마르코스Ferdinand Emmanuel Edralin Marcos가 대통령으로 21년(1965~1986)간 장기 집권하였으며, 말레이시아는 마하티르Mahathir bin Mohamad가 22년(1981~2003)간 총리직을 역임하면서 장기 집권하였다. 두 사람 모두 독재적 리더십을 발휘한 것은 같았지만, 그 결과에 대한 평가는 대조적이다. 마르코스는 필리핀 경제를 망친 원흉으로 지목받고 있는 반면, 마하티르는 말레이시아 경제를 부흥시킨 인물로 칭송받고 있다. 무엇이 그런 차이를 만든 것일까? 나는 마르코스의 독재는 자신의 영달을 위한 것이었고 따라서 그의 모든 정책은 '여기, 지금'에 맞추어져 있었던 반면, 마하티르의 독재는 그의 조국 말레이시아의 '미래'를 생각했다는 점에서 큰 차이가 있었다고 생각한다. 마르코스에게 자신의 조국 필리핀은 안중에도 없었다. 오직 자기 자신과 가족의 부, 그리고 권력만을 생각했기에 모든 정책은 그에 맞춰졌다. 자신의 정권 연장을 위한 부정부패, 막장 경제 정책, 인권 탄압, 그리고 부인 이멜다 마르코스의 과도한 사치[40] 등이 누적되어 국가 재정은 파탄이 나고, 외채 상승, 실업률과 빈부 격차의 심화 등으로 국민의 반발이 거세지자 그는 결국 하와이로 망명해 그곳에서 생을 마감했다. 그리고 그가 남긴 이런 불행한 유산은 아직도 필리핀 곳곳에 스며들어 필리핀 국민들에게 질곡의 삶을 안겨주고 있다. 아래의 글은 필자가 필리핀 방문 당시 '페이스북'에 올렸던 글이다.

옛썰, 예스 맘! 숙소를 나올 때마다 만나게 되는 현지인들의 반가운 인사말이다. 나와 아내는 요즘 늘 이런 인사를 받으며 생활하고 있다. 그렇다. 나는 현재 필리핀 클락에 머물고 있다. 이곳 사람들은 참 친절하다.

---

40 마르코스의 부인 '이멜다'는 마르코스 재임 당시 수천 켤레의 고급 구두를 수집했던 것으로 유명했다, 마르코스가 추방된 이후 대통령궁에 남아 있던 구두만 해도 약 1,220켤레라고 하니 그녀의 '구두 컬렉션'은 세계적으로 이름이 날만 했다. 그녀의 사치는 상상을 초월했고 '인류 역사상 가장 사치스러운 인물'이라는 별명도 따라다녔다. 이런 이유 때문에 필리핀 사람 대다수는 '마르코스는 용서할 수 있어도 이멜다는 용서할 수 없다'라는 말까지 하고 있을 정도이다.

그런데 이런 친절은 내가 15년 전에 마닐라를 방문했을 때도 동일했다. 필리핀의 대형 건물에는 입구마다 경비원이 한 명씩 꼭 있다. 건물이 단지 내에 있으면 단지 입구에도 있고, 건물 입구에도 있다. 그들이 하는 일은 특별하지 않다. 출입 인원을 확인할 뿐이다. 특별히 할 일이 없기에 경비원들은 손님들이 건물로 들어오면 문을 열어 준다. 처음에는 왜 신체 건강한 사람들이 이런 불필요한 일에 투입되면서 노동력을 낭비하고 있는지 궁금했는데, 알고 보니 실업자를 줄이기 위해서 국가에서 일자리를 만들어 주는 것이라고 한다. 당장 먹고살기 막막한 사람들에게 국가에서 일자리를 제공해 준다는 것은 당사자들에게는 정말 고마운 일이다. 그러나 다른 한편으로 생각해 보면, 지난 15년 동안 이들의 삶은 변한 것이 없다. 이들의 다음 세대도 이런 생활을 하게 된다고 생각하면 서글퍼지기도 하고 답답해지기도 한다. 차라리 국가에서 고용을 보장해 주지 않았더라면, 이들 스스로 어떻게든 다른 일자리를 찾았을 것이라는 생각이 든다. 만약 그랬다면 그때 당시 당장은 힘들었을지라도 지금은 보다 생산적인 일을 하고 있지 않을까? 국가에서 제공하는 이런 유형의 복지 제공은 오히려 국민들의 자생력을 떨어뜨리는 요인이 되는 것 같다. 이들과 이들의 후손들이 '옛썰, 예스 맘!'하면서 손님들을 맞이하는 사이, 태국인, 중국인, 이제는 베트남인들까지 인사를 받으며 건물 안으로 들어간다. 국가가 제공하는 복지는 국민들이 자생력을 갖도록 지원하는 데 중점을 두어야 하지 않을까……? 오늘도 길옆에서 고구마와 과일을 팔기 위해 나를 쳐다보던 어린 소년의 눈망울이 앞을 가린다……."

마르코스를 비롯한 필리핀의 특권층은 자신들의 기득권 유지에 방해가 된다는 이유로 제조업 육성이나 산업 인프라 건설, 공업화 정책 등 장기적인 투자를 하지 않았다. 그저 농업, 광업, 유통업, 소매업, 관광업 등 즉각적인 효과가 나타나는 산업과 자신들이 쉽게 통제할 수 있는 분야만 선택적으로 투자를 했다. 다시 말해 공업화를 통해 산업화가 진행되면 새로운 자본가가 탄생하게 되고, 그렇게 되면 자신들의 기득권 유지에 방해가 될 것으로 판단하여 의도적으로 산업화 정책에 관심을 갖지 않은 것이다.

그러다 보니 지금처럼 농촌에는 저학력, 저임금 노동력이 넘쳐나고, 도시에는 빈민들이 가득해서 자신들에게 기댈 수밖에 없는 구조(자신

〈그림 7〉 건물 경비원

〈그림 8〉 문을 열어주는 경비원

들이 일자리를 제공해 주니까)를 만든 것이다. 빈민층은 아무리 노력을 해도 중산층에 편입할 방법이 없기 때문에 포기하고 살 수밖에 없다. 소득 수준에 비해 식비, 주거비 등 생활을 위한 물가가 높아서 이들이 저축을 한다는 것도 거의 불가능하다. 그날 벌어서 그날 생활하는 형태가 고착된 것이다. 저학력 노동자가 넘쳐나기 때문에 임금 상승은 기대할 수도 없다. 즉 이들의 생활 수준이 더 나아지기를 기대하기가 힘들다는 것을 의미한다.

필리핀의 물가가 높은 이유는 외국에 취업하여 이들이 본국에 송금하는 돈으로 생활하는 가구가 많아 본국의 소득 수준에 비해 소비 수준이 높기 때문이다. 필리핀에서 외국에 나간 송출노동자OFW, Overseas

〈그림 9〉 도시화 속 빈민가

〈그림 10〉 집 입구

Filipino Workers는 전체 인구의 약 10% 정도인 1천만 명 정도로 알려져 있는데 이들이 송출해 오는 금액만 해도 월 3조 원가량으로 추산된다. 이는 필리핀의 수도인 마닐라의 최저임금을 상회하는 수준으로, OFW 가족이 있는 경우 나머지 가족들도 부양하기 때문에, 이 나머지 가족들은 일을 하지 않아도 국내 다른 노동자가 받는 급여 이상을 받는다고 생각해도 무방하다. 즉 이들이 송금하는 현금이 필리핀 내수를 증진시켜 나라 경제를 연명한다고 해도 과언이 아닌 것이다. 그런데 OFW로 해외에 나가 있는 필리핀 국민은 고급 두뇌가 아니라 단순 노동자들이기 때문에 해당국에서 저임금 단순 노동일을 할 수밖에 없다. 그러다 보니 현지인들에게 종종 무시를 당하기도 하고, 인권 침해를 당하기도 하는데, 때로는 이것이 외교 문제로 확대되기도 한다.[41]

필리핀의 인구는 2021년 기준 약 1억1천3백만 명이나 된다. 60~70년대에는 미국의 텍사스 인스트루먼트, 일본의 도시바 등 선진국의 반도체 기업들이 싼 인건비와 미국 문화의 영향권에 있다는 장점을 이유로 대규모 투자를 하기도 했지만, 낮은 생산성(교육이 이루어지지 않아서 양질의 노동력이 양산될 수 없음)과 정치 불안 등으로 이제는 대부분의 생산기지를 베트남, 말레이시아, 태국 등으로 옮겼다. 그러니 현재 1억 명이 넘는 인구를 가진 거대한 국가에 변변한 제조업 기업 하나 없는 상태가

---

41 1995년 3월에 싱가포르에 나가 일하던 필리핀 여성 가정부 플로아 콘템플라시온이 동료 가정부 및 집주인 아들 살해 혐의로 교수형을 당한 사건이 있었는데, 유무죄를 둘러싸고 양국 간에 파문을 일으켰다. 이에 대해 필리핀에서는 반싱가포르 및 라모스 정권 퇴진 시위가 전개되기도 했다.

된 것이다. 현재 필리핀을 대표하는 기업의 이름은 SM마트를 운용하는 SM그룹, 패스트푸드 회사 졸리비, 맥주를 생산하는 산미구엘 정도로, 이들 모두 필리핀 국내를 기반으로 하는 식품, 유통 또는 관광 등을 담당한다. 필리핀에 제대로 된 제조업이 발달하지 못한 이유는 마르코스를 비롯한 지도층이 자신들의 기득권을 유지하기 위해 국가의 미래를 보지 않고 '지금, 여기'에 만족했을 뿐만 아니라 이러한 구조를 의도적으로 고착화시켰기 때문이다.

반면, 말레이시아의 상황은 필리핀과는 사뭇 다르다. 말레이시아를 22년간 이끌었던 마하티르는 비록 독재를 하기는 했지만, 그의 재임 기간 중 말레이시아는 단순 원료 수출국에서 벗어나 괄목할 만한 경제 성장과 산업화에 성공하여 동남아의 신흥중진국으로 올라섰다. 이는 그가 권력에 대한 욕심도 있었지만, 조국 말레이시아에 대한 책임 의식과 조국을 발전시켜야겠다는 사명 의식도 함께 갖고 있었으며, 이를 바탕으로 '지금 여기에' 머물지 않고, 길고 멀리 볼 수 있는 정책을 추진했기 때문이다. 특히 그는 우리나라에도 몇 번 찾아왔는데, 매번 방문할 때마다 새롭게 발전하는 한국의 모습을 보고 동방정책을 추진하는 등 한국의 발전상에서도 큰 영감을 받았다. 그는 1997년 아시아 경제 위기 시 IMF의 권고를 착실히 따랐던 한국이나 태국과는 달리, 금리 인하, 고정환율제 도입, 외화 국외 유출 금지 등의 반 IMF 성향의 극단적 조치를 취했는데, 결과적으로 이러한 조치를 통해 경제 위기 극복에 성공함으로써 IMF도 인정할 수밖에 없는 자신만의 독특한 경제 성장을 이뤄냈다. 이는 마하티르가 순간순간의 인기에 연연해하지 않고 원칙과 소신에 따른 장기적 정책을 추진함으로써 이뤄낸 결과이기도 하다. 그는 경제 성장을 위해서는 일본이나 한국과 같은 제조업이 반드시 필요하다고 생각하여 제조업과 사회 간접자본에 대한 투자를 아끼지 않았고, 이를 통해 초기 필리핀에 투자했던 많은 선진국의 반도체 조립 생산 공장 등 제조업 기반이 말레이시아로 이동하게 만들었다.

마하티르가 얼마나 자국 자동차 산업을 유치하기 위해 노력했는지를 알려주는 이야기가 있어 소개한다. 일반적으로 자동차 산업은 중진국의 경우 자국 인구가 1억, 선진국은 최소 5천만 명은 되어야 가능한 대규모 장치 산업으로 알려져 있다. 우리나라가 자동차 산업을 시작할 때만 해도 많은 자동차 전문가들은 인구 5천만 명밖에 되지 않는 좁은 내수 시장을 갖고 있는 대한민국이 자동차 산업을 한다는 것은 불가능하다고 말했었다. 그런데 말레이시아는 인구가 3천 3백만 명 정도 되는 국가이다. 마하티르는 한국이 5천만 명으로 해냈으니 말레이시아의 국내 인구는 3천만 명에 불과하지만 한국보다 훨씬 많은 해외 방문객들이 있으므로 충분히 해낼 수 있을 것으로 생각했다. 그래서 마하티르는 1983년 국영기업 프로톤PROTON을 설립했다. 그리고 외화 유출도 막으면서 이 회사를 키우기 위해 외국 자동차를 수입할 때는 200%에 달하는 막대한 수입 관세를 물리는 정책을 추진했다. 이러한 조치를 통해 이 차는 90년대 말레이시아의 국민차로 성장하기도 했다. 그러나 높은 관세를 통한 내수 시장에서의 성공에 안주하여 품질 향상에 집중하지 못했고, 설상가상으로 경쟁업체인 '페로두아'가 급속하게 성장하자 경영난에 허덕이다가 결국에는 중국의 지리 자동차에 인수당하는 수모를 겪게 되었다. 프로톤의 설립을 주도했던 마하티르는 프로톤이 품질 문제를 극복하지 못하고 중국 기업에 인수되는 모습을 보면서 아쉬움의 눈물을 흘렸고, 이런 아쉬움을 간직한 그였기에 총리로 다시 복귀했을 때는 2차 국민차 계획을 세우기도 했다. 그러나 대규모 장치 산업인 자동차 산업을 자국에서 육성하는 것은 그렇게 쉬운 일이 아니었다. 현실적인 난관이 너무나 많았기 때문에 결국 2차 국민차 사업은 포기할 수밖에 없었다. 그럼에도 불구하고 마하티르의 이러한 의지와 정책이 있었기에 지금 동남아 국가 중 자국 브랜드의 자동차를 보유한 나라는 말레이시아밖에 없다. 지금도 말레이시아의 도로에는 '프로톤'과 '페로두아'라는 자국산 브랜드의 자동차가 가득 넘쳐나고 있다. 물론 현재

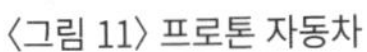
〈그림 11〉 프로톤 자동차

〈그림 12〉 페로두아 자동차

'프로톤'은 중국 기업 지리 자동차에 인수되었고, '페로두아'는 사실상 일본의 도요타-다이하츠의 현지 생산 업체로 전락하였지만 말이다.

그렇다면 왜 말레이시아는 한국과 달리 자동차의 품질 향상에 실패한 것일까? 정확한 원인은 다양하게 분석할 수 있겠지만 나는 말레이시아에서 실시하고 있는 '부미푸트라Bumiputera' 정책도 큰 몫을 담당했을 것이라 생각한다. '부미푸트라' 정책이란 말레이시아의 현지 민족인 말레이계를 우대하는 정책으로, 경제 활동, 교육, 취업 등 거의 모든 분야에서 말레이계를 우대하도록 하고, 기업 공개 및 정부 조달, 계약 등에 입찰을 원하는 기업은 말레이계에게 최소 30%의 지분을 양도하도록 하는 제도를 말한다. 말레이시아는 다민족 연방국가이다. 최초 인종 구성은 말레이인들이 대부분을 차지하고 있었으나, 19세기 영국의 지배하에 있을 때 주석과 고무의 세계적 생산지로 이름을 날리기 시작하자 영국은 주석 광산에서 주석을 생산하기 위해 부지런한 중국인들을, 고무 농장에서 고무를 수확하기 위해서 인도인들을 대규모로 받아들였다. 이후 현재 말레이시아의 인종 구성은 말레이인들이 약 60%, 중국인들이 25%, 인도인들이 10% 정도를 차지하고 있다. 그런데 이렇게 유입된 중국인들이 말레이시아의 부富와 경제권을 다 장악하게 되자 말레이인들이 불만을 갖기 시작했다. 결국 이들은 1969년 중국인들을 살해하고 중국인 상점에 불을 지르는 등의 폭동을 일으켰고, 다수 인종을 차지하는 말레이인들이 이에 동조하면서 정치권에서도 그들의 목소리에 부응하고자 말레이인 우대를 위한 정책을 시행하고 있는 것이다. 그러나 이런 정책을 시행함에 따라 다수를 차지하고 있는 말레이인들은 노력을 적게 해도 손쉽게 직장을 구하게 되어 현실에 안주하게 되는 반면, 정말 우수한 인재라 해도 중국계 또는 인도계 주민들은 차별을 당하게 되어 싱가폴이나 호주, 영국 등지로 떠나는 등 우수 인재의 유출이 심각한 국가적 문제로 대두되고 있다. 결국 이는 국가 경쟁력 저하의 커다란 원인이 되고 있는 것이다.[42] 많은 사람들이 이 정책의 불합리함을 알고 있지만, 말레이시아의 정치인들은 다수인 말레이인들의 표를 의식할 수밖에 없기 때문에 이 정책을 쉽게 버리지 못하고 있다. 이 정책 또한 다수를 의식한 대표적인 포퓰리즘적 정책인 것이다. 물론, 이 정책을 추진한 초창기에는 인종 간의 갈등을 조정하고 중국계에 비해 상대적으로 낙후된 말레이계 주민을 위한 것이었지만, 이제는 위에서 언급한 바와 같은 부작용이 발생하고 있다. 말레이시아가 1990년대 중진국 위치에 올라섰지만 이후 더 이상 성장을 하지 못하는 것은 바로 이러한 정책이 국가 경쟁력을 약화시켰기 때문이며, 이는 말레이시아가 선진국으로 올라서기 위해서 반드시 극복해야 할 문제라고 본다.

마하티르는 자국민의 자존심을 높이기 위해 많은 노력을 했는데, 그 중 하나가 세계적 건축물인 페트로나스 트윈 타워의 건설이었다. 이 건

42 물론 부미푸트라 정책의 장점도 상당히 많았다. 말레이시아의 대부분을 차지하는 말레이인의 소득 수준이 어느 정도 올라가게 됨으로써 구매력이 있는 집단으로 등장하게 되었고, 따라서 상업에 종사하는 중국인들에게도 이득이 되었다. 그러나 무엇보다도 중요한 성과는 인종 간의 폭동을 방지했다는 데 있다. 1969년의 폭동 이후 중국인들도 자신들이 부를 차지하고 있다고 해서 말레이인들을 무시하지 않고 조심하게 되었고, 말레이인들도 생활 수준이 향상되어 부의 재분배가 어느 정도 이루어졌다는 점이다. 지금도 인종 간의 갈등이 있는 나라에서는 말레이시아의 이 정책을 배우러 오는 나라들도 있다.

물은 당시 세계 최고층 빌딩은 서구권에만 있다는 신화를 깨뜨리고 동양에 최초로 건설된 세계 최고층 빌딩이었다. 물론 1998년 완공된 이후 5년이 지난 2003년 대만에 타이베이 빌딩이 건설됨으로써 세계 최고층이라는 타이틀은 내어주었지만, 이 건물은 아직도 세계 최고의 쌍둥이 빌딩이라는 타이틀과 함께 말레이시아 국민들에게 커다란 자부심으로 자리 잡고 있다.

쿠알라룸푸르의 특산물인 주석의 질감이 연상되도록 만든 독특한 외형은 일반적인 건물이 주는 밋밋함을 넘어 육중한 느낌을 주고 있으며, 특히 야간에 조명과 함께 서 있는 두 채의 빌딩은 그 찬란한 불빛이 보는 이로 하여금 감탄을 자아내지 않을 수 없게 만든다. 물론 지금

〈그림 13〉 페트로나스 빌딩

도 이 빌딩은 말레이시아의 대표적 명물로서 그 명성을 잃지 않고 있으며, 타워 아래에는 대형 쇼핑몰이 있어서 수많은 사람들이 찾는 명소로 자리 잡았다. 필자가 말레이시아를 방문했을 때는 마침 설 연휴 기간이어서 색다른 야경을 목격할 수 있었다. 페트로나스 트윈 타워는 평상시에는 흰색 조명을 밝히고 있으나 설 연휴 기간에는 붉은색 조명을 밝힌다.

사실 개인적인 재산으로 보면 필리핀의 마르코스가 말레이시아의 마하티르보다 훨씬 많았다. 그러나 마르코스는 필리핀 국민들을 위한 원대한 투자보다는 자신의 돈을 해외로 빼돌리기에 바빴다. 물론 마르코스와 마하티르의 이런 개인적인 특징이 모두 포퓰리즘적인 특성과 일치하지는 않는다. 그러나 적어도 앞서 언급했던 포퓰리즘의 특징 중 하나인 "문제의 근원을 해결할 수 있는 장기적이고 구조적인 해결책보다는 근시안적이고 자신에게 즉각적인 이익을 줄 수 있는 가시적 변화에 더 눈길을 준다"는 측면에서 분석해 보면 말레이시아의 마하티르보다는 필리핀의 마르코스가 훨씬 더 포퓰리즘에 가까운 리더십을 보여주었다는 것을 부정할 수 없다.

이상에서 살펴보았듯이, 포퓰리즘은 엘리트와 대중의 대립적 관계가 본질이며, 이질적 세력의 연합체이면서 '우리'와 '그들'을 구분하여 '그들'을 적대시함으로써 '우리끼리'의 단결을 도모한다. 또 대의 민주주의를 부정하고 직접 민주주의를 옹호하며, 감성 자극적 선동 행위로 대중의 마음을 사로잡는 데 탁월한 능력을 보여준다. 어떤 사안의 근본적 '문제 해결'보다는 지금 당장 눈에 보이는 것을 해결하는 것을 추구하여 '지금, 여기'에 집중하는 특성 또한 갖고 있다. 다시 말하지만 필자는 포퓰리즘의 모든 면을 부정하지는 않는다. 기성 정치 제도가 너무 엘리트 위주로 치우침으로써 다수의 민중이 소외되는 등의 문제는 포퓰리스트들의 등장으로 많은 부분이 기존 정치에 반영되는 등 포퓰리즘은 대단히 긍정적인 면도 포함하고 있다. 다만 이 책에서는 포퓰리즘의 긍정적 면보다는 부정적인 면에 중점을 두고 살펴보고자 한다. 그럼 이제부터 육군의 포퓰리즘적 제도, 활동 등의 사례를 알아보겠다.

Ⅱ

육군 내 포퓰리즘 사례 분석

1. 병 복무 기간 단축

육군 현역병의 복무 기간은 〈표 1〉에서 보는 바와 같이 6·25 전쟁 후에는 36개월로 시작하여 30개월로 줄어들었다가 1968년 1·21사태 후 다

〈표 1〉 현역병 복무기간 변천

연도	복무기간(개월)	조 정 사 유
1953년	36	6·25전쟁 후 장기복무자 전역 조치
1959년	33	징집병 병역부담 완화
1962년	30	징집병 병역부담 완화
1968년	36	1·21사태로 복무기간 연장
1977년	33	잉여자원 해소 및 산업기술 인력 지원
1984년	30	징집병 병역부담 완화
1993년	26	방위병 제도 폐지로 인한 잉여자원 해소
2003년	24	병역부담 완화
2008년	24 → 18	병역부담 완화를 위해 6개월 단축 추진 (2014년까지 단계적 추진)
2011년	21	천안함 피격, 연평도 포격전 등으로 기존 6개월 단축을 3개월 단축으로 조정
2018년	21 → 18	병력 중심의 군을 과학 기술군으로 정예화하고, 징집병 병역 부담 완화(국방개혁 2.0)
2020년	18	국방개혁 2.0 후속조치

출처 : 국방부, 《2020 국방백서》, p. 343

시 36개월로 증가하였으며, 이후 지속적으로 감소하여 2003년에는 24개월까지 단축되었다. 2008년부터는 복무 기간을 18개월로 단축시켜 나가는 도중, 2010년 천안함 피격과 연평도 포격 도발의 영향으로 3개월만 단축하는 것으로 조정하여 2011년부터 21개월을 유지하였다. 이후 2018년부터는 젊은 층의 표를 의식한 정치권에서 여·야를 막론하고 복무 단축을 선거 공약으로 내걸기 시작하더니, 결국 3개월을 단축하는 것으로 추진하여 2020년부터는 18개월을 복무하고 있다.

현재 현역병 복무 기간 18개월 속에는 신병 교육 기간과 각 병과학교 교육 기간이 포함된다. 일반적인 소총병의 경우 입대 후 1주 기간은 인성검사, 각종 장구류 분배 등으로 활용되고 있고, 신병 교육 기간이 5주이므로 실재 야전 부대에서 활용할 수 있는 기간은 18개월에서 6주를 제외한 17개월이 안 되는 기간이다. 병과학교 교육이 필요한 특기병의 경우 2~5주간의 추가 교육이 필요하여 야전 부대에서의 활용 기간은 더 줄어든다. 문제는 현역병의 활용 기관인 각 군에서 복무 단축의 요구가 있었느냐 하는 점이다. 필자가 아는 바에 의하면 2000년 이후의 상황에서 군의 요구로 복무 기간이 줄어든 사례는 없다. 정치권에서 병역 의무자의 표를 의식하여 경쟁적으로 선거공약에 포함하여 추진하였을 뿐이다. 위의 표에서 보면 병역 자원이 남아서 그 잉여 자원을 해소하기 위해 1977년에 36개월에서 33개월로, 1993년에 30개월에서 26개월로 줄인 사례가 있다. 병역 자원이 남아서 복무 기간을 줄인다는 것은 충분히 이해할 수 있다. 그러나 2000년 이후에는 병역 자원이 지속적으로 부족하다고 지적되었고, 2020년 이후에는 현격히 감소한다는 것을 1990년 후반기부터는 국방부도 정치권도 알고 있었다. 병역 자원이 부족하면 동일한 전투력을 발휘하기 위해서는 복무 기간을 늘려야 하는 것이 상식이다. 그럼에도 불구하고 복무 기간을 줄이기 위해서는 그에 맞는 합당한 대안이 있어야 한다. 3군단과 8군단을 통합하려는 계획을 일정 기간 늦추었던 것은 당시 마련한 대안이 충분치 않았다는 것을 보여주는 정황으로 해석할 수 있다. 복무 기간 단축 문제는 병역 의무자 누구나가 짧으면 짧을수록 좋다고 생각하는 감성적 차원에서 접근할 문제가 아니다. 국방의 의무는 하기 싫어도 해야만 하는 국민의 의무이기 때문이다. 따라서 그 의사 결정은 현역병을 직접 운용하는 군에서 정밀한 분석을 바탕으로 '이제는 첨단 과학 기술이 구비된 장비와 시스템들이 전력화되었으니, 장병들의 복무 기간이 18개월이 되어도 전력 유지에 큰 무리가 없습니다'라는 건의 내지는 적어도 동의가 있고 이를 바탕으로 정치권의 의사결정이 이루어지는 것이 정상적인 절차이다. 다수가 좋다고 해서 다수의 의사에 따라 결정할 성질이 아니다. 또한 군에서도 자기주장을 분명히 할 수 있어야 했다. 군의 입장에서 볼 때 병 복무 기간 단축으로 인해 야기되는 문제는 이루 설명하기가 어려울 정도로 많다. 그러나 그중에서도 가장 눈에 띄는 문제는 초임장교 획득의 어려움이다. 상식적으로 생각해 보자! 병 복무 기간이 18개월로 감축되었는데, 28개월을 복무해야 하는 장교 지원율이 저하될 것은 뻔하지 않겠는가? 〈표 2〉는 병 복무 기간이 감축되기 시작하는 2017년부터 2020년까지 초임장교 지원 및 선발 현황이다. 표에서 보는 바와 같이 '17년부터 '20년까지 초임장교 획득 소요는 4,900여 명에서 5,100여 명 사이로 큰 차이가 없는 반면, 지원자 수는 '17년 20,443명에서 '18년에는 17,019명, '19년에는 16,967명, '20년에는 14,654명으로 지속적으로 감소하여 '20년에는 '17년 대비 지원자 수가 5,700여 명(28%)이나 감소하고 있음을 알 수 있다. 이러한 감소 추세는 병 복무 기간 18개월 혜택을 완전히 받게 되는 '21년 이후에는 더욱 증가할 것으로 예상된다. 이러한 지원자 감소 추세는 무엇을 의미하는가? 결국 획득 자원의 자질에 심각한 영향을 준다고 볼 수밖에 없다. 이러한 현상이 지속적으로 심화되다 보니, 일부 병과는 소요 인원을 채울 수 없는 미달 현상이 발생하게 되어 병과를 선택한 후에 임관하는 것이 아니라, 일단 임관을 시켜 놓고 비선호 병과로 분류하는 현상까지 발생하고 있다. 임관하면서 원하지 않는 병과로 분류되어 단기 의무 복무를 하게 되는 장교의 자질이 과연 어떨 것인가를 상상해 보기 바란다. 이와 관련된 정확한 통계 자료가 없어 제시하지는 못하지만, 최근 초임장교의 자질의

〈표 2〉 2017년~2020년 초임 장교 지원 및 선발 현황

● 지원자 ● 선발자

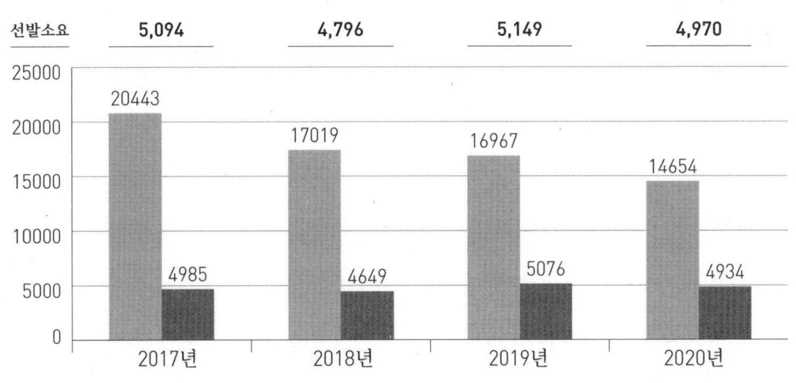

출처 : 인사사령부 선발지원처 《내부보고서》, 2021

저하되고 있다는 야전의 목소리가 꾸준히 들리는 데는 다 이유가 있다. 이는 당장 우리 눈앞에 나타나 보이지는 않지만, 우리도 모르는 사이에 전투력 약화의 큰 원인이 되고 있다. 병 복무 기간이 단축되어 숙련도 저하, 빠른 교체 주기 도래 등으로 전투력이 약화된다면 당연히 장교의 자질은 더 높아져야 하는 것이 상식인데, 우리는 초임장교의 자질마저 저하될 수밖에 없는 환경을 스스로 만들어 버린 것이다. 과거와 같은 경쟁률을 유지하기 위해서 과연 우리는 얼마나 많은 인센티브를 제공해야 할 것이며, 이러한 인센티브는 얼마나 많은 재정 지원과 다양한 유인책을 필요로 할까? 정말 아무것도 모르고 복무기간 단축 정책을 시행했다는 말인가? 몰랐다면 무능한 것이고, 알면서도 시행했다면 전형적인 포퓰리즘 정책을 추진한 것이다. 급기야 초급 간부의 지원과 장교 양성과정에서 중도 포기자가 속출하자 2023년에는 국방부장관과 육군참모총장이 학생중앙군사학교와 부사관학교를 방문하여 사기를 높이기 위해 노력하는 등의 행보를 보였고, 2023년 7월에는 대통령 주관의 전반기 '전군주요지휘관회의'에서 국방부는 간부들의 당직 근무비를 평일 1만 원에서 3만 원, 휴일 2만 원에서 6만 원으로 대폭 인상하겠다고 밝혔으나, 정부 부처의 반대로 당해 연도에는 반영되지 못했다.

추가적인 재정 지원이 필요한 경우를 한 가지 더 예를 들자면, 해외 파병 지원병의 선발과 관련된 사항이 있다. 〈표 3〉은 해외 파병 병사의 복무 기간을 도표화한 것이다. 표에서 보는 바와 같이 21개월 복무 시에는 일병 중 6개월(입대 후 4개월~9개월) 기간 중에 지원할 수 있었으나, 복무 기간이 18개월로 단축된 이후에는 일병 중 3개월(입대 후 4개월~6개월)의 기간 외에는 지원을 할 수가 없게 되어, 지원할 수 있는 대상 자체가 1/2로 줄게 되었다. 따라서 과거에는 해외 파병 선발의 경쟁비가 높았으나, 현재는 일부 어학(외국어) 직위를 제외한 대부분의 직위가 지속적으로 미달되어 선발을 할 수가 없는 지경에 이르렀다. 결국 해답은 병사가 필요한 직위를 간부(장교, 부사관, 또는 군무원)로 대체할 수밖에 없고, 이 또한 대폭적인 인건비 상승 요인이 되고 있다. 군 입장에서는 복무 기간 단축으로 양질의 우수한 자원을 적은 비용으로 활용할 수 없게 된 것이고, 병사들 입장에서는 해외 파병의 기회가 줄어들어 복무 의욕이 줄어드는 요인이 되고 있는 것이다. 이밖에 세부적으로 열거하지는 않았지만, 고가 장비 운용의 숙련도 등의 차원을 생각하면 엄청나게 많은 비용상승 요인이 잠재되어 있을 것이다. 필자가 이 글을 쓰고 있는 이 순간에도 필자의 아들은 현재 전방에서 육군 상병으로 복무하고 있다. 필자도 의무 복무를 하는 아들이 군 복무를 장기간 하는 것은

〈표 3〉 해외 파병 병사 복무기간 변경

<table>
<tr><td rowspan="2">구분</td><td colspan="3">이병(3개월)</td><td colspan="7">일병(7개월)</td><td colspan="7">상병(7개월)</td><td colspan="4">병장(4개월)</td></tr>
<tr><td>①</td><td>②</td><td>③</td><td>④</td><td>⑤</td><td>⑥</td><td>⑦</td><td>⑧</td><td>⑨</td><td>⑩</td><td>⑪</td><td>⑫</td><td>⑬</td><td>⑭</td><td>⑮</td><td>⑯</td><td>⑰</td><td>⑱</td><td>⑲</td><td>⑳</td><td>㉑</td></tr>
<tr><td>기존
(21개월 복무시)</td><td colspan="3">신병교육(6주)
+
병과교육
(3~5주)</td><td colspan="6">자대복무
최대 5개월 次 선발</td><td>소집교육
(2개월)</td><td colspan="9">파 병(8개월)</td><td colspan="2">휴가
*정기휴가
+위로휴가
(2개월)</td></tr>
</table>

<table>
<tr><td rowspan="2">구분</td><td colspan="3">이병(3개월)</td><td colspan="7">일병(7개월)</td><td colspan="8">상·병장(8개월)</td></tr>
<tr><td>①</td><td>②</td><td>③</td><td>④</td><td>⑤</td><td>⑥</td><td>⑦</td><td>⑧</td><td>⑨</td><td>⑩</td><td>⑪</td><td>⑫</td><td>⑬</td><td>⑭</td><td>⑮</td><td>⑯</td><td>⑰</td><td>⑱</td></tr>
<tr><td>수정
(안)</td><td colspan="3">신병교육(6주)
+
병과교육
(3~5주)</td><td colspan="3">자대복무
1~3개월 次
선발</td><td colspan="2">소집교육
(2개월)</td><td colspan="8">파 병(8개월)</td><td colspan="2">자대복귀
*위로휴가
병행</td></tr>
</table>

출처 : 합참 해외파병과 《내부보고서》, 2021

좋아하지 않지만, 아무리 생각해도 현재의 여러 여건상 18개월은 너무 짧다. 정치인들은 복무 기간 단축을 공약으로 내걸어 대중의 지지를 얻을 수 있었을지 모르겠지만 적어도 군에서는 눈에 보이지 않는 전투력이 저하되고 있고, 이를 보강하기 위해서 엄청난 비용과 시간이 수반되고 있음을 잊지 말아야 한다.

2. 병 입영일자 본인선택제 시행

병무청에서는 2002년부터 육군 징집병들이 군에 입대할 때 입영 일자를 본인이 선택하는 제도를 시행 중이다. 말 그대로 병역 대상자가 자신의 입영일을 고를 수 있는 제도이다. 제도의 취지는 병역 대상자들에게 입영 시기를 선택할 수 있도록 함으로써 선택의 자율권을 확대하고 이를 통해 학업, 취업 등의 시기를 효율적으로 활용할 수 있도록 하는 것이다. 충분히 이해할 수 있는 제도이며 긍정적 효과도 많다고 본다. 그러나 이 제도의 시행으로 인해 육군에 나타나는 현상은 군의 전투력 유지에 대단히 부정적인 영향을 미치고 있다. 병력을 운용하는 육군의 입장에서는 연중 일정한 병력이 입영하고 전역하는 것이 가장 이상적이다. 필자도 초급장교 시절에는 이를 실현하기 위해, 총 복무 기간 중 각 계급별 적정 보직 비율이 부대별로 어떻게 되어야 가장 이상적일지를 힘들여 계산하고 상급 부대에 보충을 건의하기도 하였다. 그러나 이러한 야전 부대의 노력들이 2002년부터는 사라졌다. 왜냐하면 "입영일자 본인선택제"로 인해 장병들의 입영이 군의 바람처럼 일정하게 이루어질 수 없기 때문이다. 〈표 4〉는 지난 5년간의 입영률을 표시한 그래프이다. 그래프에서 보는 바와 같이 3분기까지는 입영률이 90% 이상을 보이고 있으나, 4분기가 되면 급격히 떨어지는 것을 볼 수 있다. 특히 2019년 11월에는 65%까지 떨어졌고(2023년에는 41%까지 떨어졌음), 12월에도 76% 수준을 유지했으며, '17년에는 12월에 67%를 유지했다. 이와 같은 현상은 연도별로 다소 차이는 있을지언정 지난 2002년 이후 매년 지속적으로 반복되고 있다. 이것은 대다수 입영 대상자들이 연초 입영을 선호하고 연말 입영을 기피하기 때문이다. 따라서 육군본부에서는 예하 부대에 연중 균형되게 병력을 보충하기 어려울뿐더러 이제는 아예 그런 희망 자체도 포기하기에 이르렀다. 예하 부대장들에게 년 초에는 입영대상자들이 입영을 하지 않기 때문에 어쩔 수 없다고 설명(변경 불가한 상수 요인으로)하고 2분기 이후에는 점차 병력 수준이 향상될 것이라고 설명하는 수준에 그치고 있다. 즉 근본적 대책을 마련하는 것

〈표 4〉 2016~2020년 월병 입영률 현황

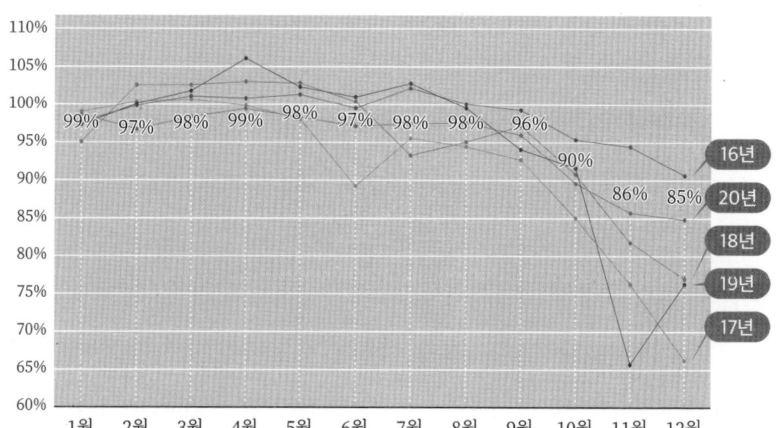

출처 : 인사사령부 인사행정처《내부보고서》, 2021

이 아니라, 현 상황에서 차선책을 마련하는 수준에 머물고 있는 것이다. 그 차선책이란 비선호 시기에 모집병 비율을 높여 입영률을 높이고, 선호 시기에는 징집병의 비율을 높이는 등의 노력이나, 이는 근본적으로 한계가 있다. 결국 육군 조직 입장에서는 불필요한 노력과 부담이 연중 지속되고 있는 것이다. 현재 대한민국이 모병제를 운영하고 있다면 위 상황을 이해할 수 있으나, 징병제를 운영하고 있는 국가에서 이런 현상이 발생한다고 하는 것을 어떻게 이해해야 할 것인가? 과연 육군이 징병제를 운영하고 있는 것이 맞는 것인가?

앞서 언급했듯이 대한민국 성인 남성에게 병역은 신성한 의무이다. 의무란 곧 하기 싫어도 해야만 하는 것이다. 자기가 원하는 시기에 입대하기 위해 속도가 빠르고 성능이 좋은 컴퓨터를 준비해야 하고, 선호 시기인 1월~3월은 접속 후 1~2분 만에 마감되는 이런 현실이 오히려 자기가 원하는 시기를 선택하지 못한 더 많은 입영 대상자들에게 또 다른 박탈감[43]을 주고 있는 것은 아닌지 묻고 싶다. 또한 남들이 입영하기 싫어하는 11월, 12월에 입영하는 장병들은 과연 어떤 마음을 갖고 입영을 하는지도 생각해 봐야 한다. 대한민국의 신체 건강한 모든 남성을 대상으로 하는 신성한 병역의 의무를 수행하는 첫걸음부터 병무 행정에 대한 정보의 격차와 인터넷이라는 문명의 기기 활용에 따른 또 다른 차별

43 현행 입영 제도하에서는 매년 1월~5월까지 입대를 희망하는 인원이 집중되기 때문에, 이 시기에 입영하기 위해서는 병무청 홈페이지의 특정 시간대에 공고가 나고 몇 초 또는 몇 분 만에 접수를 해야 한다. 이는 입영 업무에 대한 특별한 정보(군사특기별 공고 및 접수 일자 등)와 특별한 시설(인터넷 속도가 빠른 곳에 위치) 등에 대한 접근이 필요하다. 따라서 이러한 특별한 배경을 갖지 못한 입영 대상자는 박탈감을 느끼지 않을 수 없다.

이 존재하는 것은 아닌지 회의가 든다.

우리는 자유대한민국에 살고 있다. 그래서 자유와 평등을 추구한다. 여기서 자유란 자신의 삶을 자신이 만들어 가는 자유이며, 평등이란 기회의 균등을 의미한다. 또한 대한민국은 시장 경제를 추구한다. 따라서 국가에서 생산과 공급을 통제하지 않고 시장의 자율적 통제에 맡기고 있다. 시장 경제에 있어 가장 중요한 것은 생산자가 아니라 소비자이다. 생산자가 공급을 쥐락펴락하는 사회는 전형적인 통제국가요, 공산주의 국가이다. 위의 가치들을 국방의 문제로 전환해서 생각해 보자. 먼저 자유의 측면에서 보면 자유란 개인의 선택에 있어 개인의 능력을 제외한 그 무엇(인종, 종교, 피부색, 성별 기타 등등)으로도 제한을 받지 않는 것을 말한다. 그런데 위 제도는 병무 행정에 관한 정보를 많이 가진 사람과 인터넷의 속도가 빠른 PC를 가진 사람이 유리한 제도이다. 정보에 밝지 못한, 다시 말해서 대학생이 아닌 노동자, 일용직 근로자, 해외 유학생 등은 불리할 수밖에 없는 시스템이다. 두 번째, 평등의 측면에서 보면 '입영일자 본인선택제'는 결과의 평등이요, 기회의 평등이 아니다. 또한 남들에게 보여주기 위한 평등이다. 인터넷에 열어 놓았고 어느 누구도 조작하지 않으니 평등하다고 주장하고 있으나, 위에서 언급한 불평등이 존재한다. 다만 입영 대상자의 대다수를 차지하는 대학생들에게 유리하니, 그들과 대학생을 자녀로 둔 부모들 모두가 침묵하고 있는 것이다. 노벨 경제학상을 수상한 밀턴 프리드먼Milton Friedman은 자신의 저서 『선택할 자유Free to Choose』에서 다음과 같이 말한다.

> 정부를 통해서 행해지는 다음의 두 가지 원조 방식은 표면상으로는 같아 보일지 모르지만 실은 큰 차이가 있다. 첫째 방식은 우리들 가운데 90%가 10%의 저소득층을 돕기 위해 우리들 자신에게 과세하는 데 의견 일치를 보는 것이며, 둘째 방식은 10%의 저소득층을 돕기 위해 최고소득층 10%에 과세하는 것을 나머지 80%가 투표로 결정하는 것이다…… 첫째 방식은 불우한 사람을 돕는 데 현명한 방법일 수도 있고 그렇지 않을 수도 있다. 그러나 이것은 기회의 평등과 자유, 이 양자에 대한 신념과 일치하는 것이다. 하지만 둘째 방식은 '결과의 평등'을 추구하며 자유에 완전히 배치되는 것이다.

나는 프리드먼의 주장에 전적으로 동의한다. 이것은 상위 10%의 의견을 전적으로 무시한 다수 80%의 횡포일 수 있기 때문이다. 다른 사람을 돕는 방식에도 이런 현상이 발행하는데, 하물며 "입영일자 본인선택제"는 다수 80%가 그 이익을 자신들 80%를 위해서만 사용하고 있으니 이는 더 심각하게 자유와 평등에 배치되며 '결과의 평등'을 지향하고 있을 뿐이다. 또한 80%의 이익에 부합하는 포퓰리즘의 발현일 뿐이다.

여기서 잠깐, 국가의 의무를 수행하는 데 '개인의 선택'이 어떤 의미를 가지는지 생각해 보자. 주지하는 바와 같이 의무란 좋아하는 사람보다는 싫어하는 사람이 많지만, 중요한 목적을 이루기 위해서는 꼭 필요하기 때문에 시행되는 것이다. 따라서 이는 '고통의 분담' 또는 '헌신'이라는 암묵적 동의를 전제로 한다. 모두가 좋아하는 일이라면 굳이 의무로 하지 않아도 될 것이기 때문이다. 이런 의무는 그 행위를 수행하는

데 있어서 예외 사항(신체적·정신적 결함, 가정 상황 등)이 적을수록 좋다. 그리고 그 예외는 국민 대다수가 공감하는 것이 되어야 함은 물론이다. 그런데 이런 의무를 수행하는 데 있어서 개인의 선택이란 어떤 의미일까? 필자가 생각하기에 거기에는 적어도 두 가지의 전제가 필요하다. 첫째는 의무 수행자의 선택이란 한계가 없는 무제한의 선택이 아닌, 어딘가에는 한계가 있는 선택이며, 그 선택은 보다 큰 무엇, 즉 의무를 수행하는 그 목적에 부합하는 한도 내에서의 선택이어야 한다는 점이다. 그것은 "입영일자 본인선택제"에서 입영 대상자들의 본인 선택은 그 선택이 국방의 의무, 그 본질적 목적에 부합하는 한도 내에서만 유효하다는 것을 의미한다. 입영 대상자들이 국방의 의무를 수행하는 곳은 각 군이다. 각 군에서는 전투력을 최상의 상태로 유지해야 하고, 입영 대상자들은 각 군의 전투력을 최상으로 유지하는 데 도움이 되는 병영 생활을 함으로써 국방에 대한 의무를 다해야 하는 것이다. 만약 그들의 선택이 군 전투력을 최상의 상태로 유지하는 데 도움이 되지 않고 오히려 방해가 된다면, 그들의 선택은 당연히 제한되어야 하는 것이 맞다. 또한 '국방의 의무'라는 특수하고 한정된 범위 내에서는, 균형된 전투력을 유지하기를 희망하는 소비자는 군이고 그 전투력 유지를 위해서 공급되는 생산 요소가 바로 입영 대상자이다. 시장은 소비자의 수요에 맞추어져야 한다. 전 세계 모든 인류의 역사에서 소비자를 무시하고 생산자가 살아남은 역사는 없다. 소비자인 군은 입영 대상자가 연중 균등하게, 적정 인원이, 필요한 적성에 맞게 입영하기를 원한다. 그래야 전투력 유지에 도움이 되기 때문이다. 그런데 공급자가 이를 무시하고 자기가 원하는 시기에 입영하겠다고 주장하는 것은 수요와 공급의 원칙에도 맞지 않고, 위에서 언급한 선택의 한계도 넘어서는 것이다. 두 번째로 생각해 볼 수 있는 것은, 의무 안에서의 선택은 그 결과가 개인의 성향에 따라 확산 지향형이 될 때만 유효하다는 점이다. 즉 선택의 결과가 골고루 분포되어야 한다는 의미이다. 이 말은 "입영일자 본인선택제"를 시행했을 때 입영일을 희망하는 인원들이 1월부터 12월까지 비교적 골고루 분포해야 그 제도가 의미를 가진다는 말이다. 만약 개인들의 선택 결과가 연중 골고루 분포한다면, 이 제도는 정말 좋은 제도가 될 것이다. 국가가 요구하는 조건도 충족할뿐더러 개인의 희망 사항도 반영해 줄 수 있기 때문이다. 그러나 현실은 그렇지 않다. 앞에서 언급했듯이 연초 집중입영, 연말 회피현상이 10년이 넘게 지속되고 있다. 연초를 선호하는 사람들이 월등히 많고, 연말을 선호하는 사람들은 얼마 안 된다는 사실을 통해 선호와 비선호 기간이 분명해졌는데도(선택의 결과가 확산지향적이지 않음에도) 이를 자유로운 선택에 맡기는 것은 의무적 행위를 수행하는 데 적합하지 않다. 왜냐하면 의무 수행은 공정해야 하는데 선호, 비선호가 갈린다는 것은 그것을 선택하는 환경이 이미 공정하지 않음을 의미하기 때문이다. 따라서 그런 환경에서의 선택은 당연히 제한을 두어야 한다. 그것은 복무할 부대를 선택하도록 하지 않고 무작위 전산 분류를 하는 이유이기도 하다. 군부대에서는 왜 입영장병들이 복무할 부대를 무작위로 전산 분류하는 것일까? 부대 분류도 입영 대상자들의 편의를 위해서 선착순으로 먼저 자기가 복무할 부대를 선택하라고 하면 안 되는 것일까? 그렇게 하지 않는 이유는 복무할 부대의 환경이 천차만별이고 이러한 환경에 따라 입영 대상자들이 선호, 비선호하는 부대가 극명하게 구별되기 때문이다. 그런데 왜 "입영일자 본인선택제"는 선호하는 시기와 비선호 시기가 극명하게 구별되는데도 불구하고 대다수 국민들이 침묵하고 있는 것일까? 그것은 위 제도를 국민들이 잘 모르고 있을 뿐만 아니라 병무청에서 군의 애로 사항은 애써 숨기고, 입영 대상자의 편의 제공에 대해서는 대단한 성과인 양 홍보를 하고 있기 때문이다. 의무는 의무 수행의 본질에 맞아야 한다. 대다수 대학생들이 원한다고 해서 국방의 의무가 갖는 본질이 훼손되어서는 안 된다. 국방의 본질은 군이 최상의 전투력을 유지할 수 있도록 양병 및 용병을 지원하는 데 있다. 그 본질을 훼손하는 것이 있다면 고통이 있더라도 과감히 제거하여야 한다.

로마인은 많은 노예를 거느리고 있었지만 '국방의 의무'만큼은 반드시 시민들 자신이 직접 수행했다. 그리고 그 정신이 살아있었을 때 로마는 번성했고 이런 정신이 대제국 건설의 밑바탕이 되었다. 그러나 로마가 풍요로운 시기를 맞이하면서 국방의 의무를 기피하기 시작했다. 돈이 있는 자, 지도층에 있는 자들은 돈으로 다른 사람을 사서 국방을 대신하는 것이 자기와 자기의 자녀들이 국방의 의무를 직접 수행하는 것보다 편하다는 것을 느끼게 되었고, 일반 국민들도 국방의 의무를 수행하는 것보다 돈으로 대신(세금)하고 그 시간에 더 많은 돈을 벌기를 희망했다. 시간이 갈수록 점점 더 많은 용병들이 고용되기 시작했고 로마인들은 국방의 의무를 용병들에게 의존하기 시작했다. 그리고 그 결과는 어떠했는가? 결국 로마는 용병대장에 의해서 몰락했다. 국방의 의무는 편하고 좋다고 해서 그 방향으로 가서는 안 된다는 것을 역사는 말해 주고 있다. 특히 사회 지도층이 힘들고 어려운 것을 회피할 때, 자신이 가진 것(권력, 돈, 인간관계 등)으로 대신하려고 할 때, 우리 눈에는 보이지 않지만, 가장 중요한 국가의 기강이 무너져 내리기 시작하는 것이다. 당장은 편하고 큰 문제가 없어 보이기 때문에 이러한 유혹에 빠지기 쉽다. 프랑스의 천재적 경제평론가였던 프레데릭 바스티아Claude-Frédéric Bastiat(1801~1850)는 그의 저서 『법Law』에서 다음과 같이 말했다.

> 사이비 경제학자와 진정한 경제학자들 사이의 차이는 오직 한 가지이다. 사이비 경제학자들은 오직 눈에 쉽게 띄는 효과들에만 집착한다. 반면 진정한 경제학자들은 보이는 효과뿐만 아니라 시간을 두고 나타나는 간접적인 효과까지도 내다볼 수 있다. 하잘것없어 보이는 차이지만, 그로 인한 결과의 차이는 엄청나다. 눈에 당장 보이는 효과가 좋아 보일 경우 그로 인한 장기적이고 간접적인 효과들은 십중팔구 비참한 결과를 가져다주기 십상이다. 인간의 건강이나 도덕에 대해서도 같은 말을 할 수 있다. 당장 달콤하게 느껴지는 결과를 가져다주는 습관들은 나중에 쓰디쓴 결과를 안겨 주는 것이 일반적이다. 당장 눈에 띄는 효과에만 사로잡혀 두고두고 나타나는 결과를 생각하지 않는 사람은 대개 고약한 습관에 탐닉하게 된다. 본능을 이기지 못해 그러는 사람도 있고, 또 의도적으로 그러는 사람도 있다.

포퓰리즘의 특성이 바로 이러하다. 당장은 누군가를 편안하게 하고 그를 지극히 배려한다. 따라서 그들로부터 당연히 인기를 얻는다. 그러나 그것은 눈에 보이는 효과일 뿐이다. 시간이 지나감에 따라 그 편안함의 대가는 감당할 수 없을 만큼 커다란 부담으로 다가온다. 앞서 살펴보았던 아르헨티나가 그랬고, 베네수엘라가 그랬다. 가장 대표적인 것이 복지 지원이다. 한번 풀린 복지는 되돌리기 힘들다. 이와 관련된 필자의 지휘 사례를 잠시 소개해 본다. 다른 정부 기관에서는 어떤지 모르겠지만 국방부 산하 기관과 군부대에서는 매월 2회씩 '주말이 있는 날'을 시행하고 있다. 이것은 매월 둘째 주와 넷째 또는 다섯째 주에는 월요일부터 수요일까지 매일 30분씩 일찍 출근하고, 이렇게 절약된 시간만큼 금요일에 일찍 퇴근(90분)하는 제도이다. 금요일 일찍 퇴근시켜 주니 육군 구성원 대부분은 이 제도를 좋아한다. 그러나 필자가 육군종합행정학교 학교장으로 보직하고 있을 때 그 내막을 살펴보니 다음과 같은 문제가 있었다. 첫째, 일과표가 세 가지 이상[44] 생겨서 학교 운영에 행정 소요가 증대되었다. 일과표가 변경됨에 따라 출·퇴근 시간, 차량 운행 시간, 배식 시간, 당직 근무 투입 시간, 시간외 근무수당 계산 기준 등 소소한 변경 소요가 많았고, 더 어이가 없었던 것은 수업 시간 1시간(45분)을 둘로 나누어 수요일 오후에 25분, 목요일 오전에 20분으로 진행하고 있었다. 왜 이런 현상이 발생하는지 확인해 보니, 주말이 있는 날 시행으로 일과 시간이 들락날락하는 가운데 전임 학교장이 전투체육 시간 준수를 강조하다 보니 체육 시간은 지켜야겠고, 변경

44 주말이 없는 날의 정상적인 일과표, 주말이 있는 날의 월~수 일과표, 주말이 있는 날의 금요일 일과표 등 최소한 3가지 이상의 일과표에 의해 부대가 운영될 수밖에 없다.

되는 일과표에 맞추다 보니 부득이하게 한 시간이 둘로 나뉘어 시행되고 있었던 것이다. 물론, 이 사실은 전임 학교장도 몰랐을 것이다. 아마도 실무자들은 이런 사실을 알고 있으면서도 이런 사실을 보고하면 혹시라도 주말이 있는 날의 시행이 불가능하게 될 것을 우려해서 보고하지 않았을 가능성도 있다. 한 시간의 수업이 수요일 25분과 목요일 20분으로 분리되어 시행되면 과연 그 수업이 정상적으로 진행되겠는가? 또한 그 수업의 효과가 얼마나 달성될 수 있을 것인가? 또 한 가지 혼란스러운 것이, 두 번째 시행하는 주週가 4주차 또는 5주차로 선택적이다 보니 어떤 부대는 4주차에, 어떤 부대는 5주차에 시행하게 되어 상하 연계가 되지 않는 경우가 있었다. 예를 들어 작전사령부는 이번 주 금요일이 정상 근무라 상급 부대인 육군본부도 정상 근무인 줄 알고 출장을 갔는데, 육본에 도착했더니 실무자들이 모두 주말이 있는 날이라고 일찍 퇴근해 버렸던 경우도 있었다. 이것은 육군의 부대 운영을 혼란스럽게 하는 것이다. 필자는 그런 현실을 도저히 두고 볼 수 없었고, 일과표를 변경할 것을 검토하도록 지시했다. 당시 내가 내린 지시 사항은 딱 하나였다. '부대 운영은 최대한 심플해야 하며, 일과표 역시 심플해야 한다'는 것이다. 실무자들은 쉽게 답을 찾지 못했다. 그때 나는 육군본부 인사참모부장에게 전화를 걸어 다음과 같이 질문했다. "부장님! 제가 생각하기에 부대 운영은 심플한 것이 가장 좋다고 생각합니다. 현재 한 달에 두 번씩 주말이 있는 날을 시행하다 보니 일과표가 복잡한데, 제가 학교 일과표를 조정해서 시행해도 되겠습니까?" 그때 인사참모부장의 답변은 "장성급 부대장에게 일과표 조정 권한이 위임되어 있으니 시행하셔도 됩니다."였다. 그래서 나는 한 달에 두 번 시행하는 주말이 있는 날을 아예 매주 시행하였다. 어차피 시행하는 것, 한 달에 2회만 시행함으로써 일과표를 헷갈리게 하기보다는, 차라리 매주 실시해서 단순한 일과표에 따라 부대를 심플하게 운영하는 것이 부대 운영에 효율적이라고 판단했기 때문이었다. 그렇게 해서 근 1년간 매주 주말이 있는 날을 시행했다. 그런데 2023년 12월경 육군본부에서 연락이 왔다. "왜 너희 학교는 육군 지침을 준수하지 않느냐?"는 것이었다. 사실 창피한 일이지만, 나는 그때까지만 해도 주말이 있는 날과 관련해 구체적인 육군의 지침이 있다는 사실을 몰랐다. 지침을 확인해 본 결과 주말이 있는 날은 한 달에 2회 이내로만 실시하게 되어 있었다. 말이 육군 지침이지, 사실은 국방부 지침과 같은 내용이었다. 결론적으로 나는 국방부와 육군의 지침을 위반하고 있었던 것이다. 그래서 다시 참모들로 하여금 일과표를 상급부대 지침 범위 내에서 수정하되, 심플하게 할 수 있는 방안을 강구해 볼 것을 지시했다. 그러나 참모들이 아무리 머리를 싸매고 고민을 해도 그런 방안은 찾을 수가 없었다. 결국 나는 "학교장은 여러분의 주말 보장보다는 학교 본연의 임무 수행이 더 중요하다고 생각합니다. 주말이 있는 날의 시행이 임무 수행에 도움보다는 저해하는 요소가 더 많다고 판단하여 우리 학교는 주말이 있는 날을 시행하지 않고 육군 표준일과표를 시행하겠습니다."라고 결정했고, 전역을 하는 2023년 12월 31일까지 그렇게 시행했다. 물론 그렇게 시행하기 위해서 각종 회의나 공개된 자리에서 간부들에게 관련 내용을 자세히 설명했을 뿐만 아니라, 지휘서신으로도 작성하여 하달하였다. 그럼에도 불구하고 개선된 일과표(주말이 있는 날을 시행하지 않고 육군 표준일과표 적용)를 적용하는 바로 그날, 누군가가 페이스북의 '육대전(육군훈련소 대신 전해드립니다)'에 민원을 제기했다. 다른 부대는 부하 복지를 위해 주말이 있는 날을 시행하고 있는데 육군종합행정학교는 학교장 독단으로 주말이 있는 날을 없애 간부들의 복지 혜택을 줄였으니 시정해 달라는 내용이었다. 물론 그와 동시에 육군본부에서도 "육대전" 측에 어떻게 답변을 할 것인가를 물어 왔다. 나는 내가 그런 의사결정을 하게 된 경위를 있는 그대로 육군본부와 육대전 측에 설명할 것을 지시했다. 참모들은 학교에서의 의사 결정 과정과 내가 그런 결정을 하게 된 취지를 그대로 설명해 주었다. 그 이후 육군본부나 육대전 측에서 추가적인 질문이나 연락은 없었으며, 이 사건을 크게 이슈화하지도 않았다. 매주 주말이 있는 날을 시행하고 있던 간부들에게는 이러한 변화가 큰 복지 혜택을 없애 버리는 것으로 받아들였을 것이다. 그러나 그 이후 더 이상 불만을 표출하는 간부들은 없었으며, 필자가 재임하는 2년 연속 육군종합행정학교는 육군본부 교육훈련 우수부대로 선정되었다. 복지 혜택도 필요하다면 줄여야 한다. 당장은 불만을 표출하는 인원들이 있겠지만, 이들을 설득하고 강행해야 한다. 나는 아직도 군부대에서 한 달에 두 번 시행하고 있는 '주말이 있는 날'은 군부대의 존재 목적에 부합하지 않는다고 생각한다. 도리어 부대 운영에 혼란을 초래할 뿐이다. 나는 군 수뇌부에 묻고 싶다. 주말이 있는 날을 시행해서 간부들의 복지를 증진시킬 수 있으면서도 부대 운영에 지장이 없다면, 왜 한 달에 두 번만 시행을 하는 것인가? 그렇다면 매주 시행하는 것이 더 좋은 것

아닌가? 군이라는 조직이 언제 어느 때 있을지 모르는 대비태세를 갖춰야 하기 때문에 매주 시행하는 것이 부담된다면 이 제도는 시행하지 않는 것이 맞다. 그러나 나의 이런 질문에 당시 육군본부도, 국방부도 아무런 답변이 없었다. 내 말에 동의하지만 부하들의 반발이 무서워 시행하지 못하는 것일까? 아니면 한 달에 2회만 시행하는 것이 군의 전투력 강화에도 도움이 되고, 부하들의 복지에도 부합하는 최적의 제도라고 확신해서일까…? 나는 정말 궁금하다.

국가가 부여하는 국방의 의무는 당연히 공정해야 할 뿐만 아니라 최대한 공평해야 한다. 개인의 권리 보장은 일단 의무 수행을 전제 조건으로 한 후에 그 범위 안에서 찾아야 한다. 즉 입영 일자는 전체 입영 대상자의 신체적 특성, 전공, 자격증 등을 고려하여 군의 군사특기별 소요에 맞게 무작위로 분류하여 결정하는 것이 올바르다. 다만, 입영 대상자에게는 입영일자를 최대한 사전에 미리 통보해 줌으로써 각 개인이 처한 불가피한 사정(학업, 취업, 치료 등)을 해소할 수 있도록 여건을 보장해야 한다. 공정한 의무 부여에 중점을 두어야지 의무 자체에 선택적 차별을 두어서는 안 된다. 그게 아니라면 많은 사람들이 기피하는 시기에 입영하는 사람들에게는 오히려 보상을 해 주어야 한다. 그것이 의무에 대한 공정한 접근 방식이고 군 조직을 건강하게 만드는 방법이다.

3. 모집병 비율 증가 요구

2009년 국방부에서는 병역 의무 이행의 서비스 극대화를 위해서 모집병 대 징집병의 비율을 9 대 1로 하는 방안을 요구했다. 즉 모집병의 비율을 당시 40%에서 90%로 확대하여 병역 의무자의 선택권을 확대하라는 것이었다. 물론 그 취지는 충분히 이해할 수 있었지만, 필자는 적극적으로 반대했다. 현실적으로 구현할 수도 없을뿐더러, 해서도 안 되는 제도였기 때문이다. 당시 국방부에서는 부가해서 모든 입영 대상자에게 입대 전에 자신이 복무해야 할 부대와 직책을 사전에 알려주라고도 하였다. 물론 할 수만 있으면 좋겠지만 그 요구는 군의 현실과 인간이라는 존재에 대해 몰라도 너무나 모르는, 철부지 아이들의 칭얼거림에 불과한 요구였다. 만약 입영 대상자가 인간이 아니라 기계 부속품이라면 위 주장은 구현할 수 있다. 사전에 소요를 정확히 계산하고 필요한 소요에 대상 부품을 일치시키면 된다. 아주 간단하다. 그러나 인간은 감정이 있고 유불리有不利를 따지며, 구체적 상황에 대해 자신의 의사를 표현하는 인격체이기에 불가능하다. 단적인 예로 특정 입영 대상자에게 당신은 1월 15일에 입영하여 12사단 GOP대대의 1소대 소총병으로 보직이 예정되어 있다고 사전에 알려 준다면 과연 이 입영 대상자가 정상적으로 입영하겠는가? 입영 연기도 할 수 있고 취소도 할 수 있는 상황에서 정상적으로 입영할 사람이 과연 몇 명이나 될 것인가? 아마도 대부분의 부모들은, 왜 내 아들이 강원도 골짜기에 있는 12사단 GOP병으로 결정되었느냐고 그 이유를 물을 것이고 입영을 연기 내지는 입영을 취소할 것이다. 이것이 현실의 세계이다. 당시 국방부에서는 이런 기초적인 현실 인식도 없이 위 요구를 밀어붙였다. 제도화시킬 수 없는 비현실적 구상에 불과했는데, 이 당연한 사실을 국방부에 인식시키기 위해 보고서를 만드느라 몇 날 며칠이 걸렸다.

모집병의 문제도 마찬가지다. 모집병은 자신의 적성과 체력, 전공, 자격증 등을 고려하여 특기를 지원하여 선발에 합격한 인원이 병역 의무를 이행하는 제도다. 그런데 육군의 대다수를 차지하는 소총병, 경계병, 포병, 전차병 등은 특별히 전공, 자격증 등을 고려할 수 없다. 그런데도 위 직위를 모집병으로 지정해 놓고 모집한다면 과연 누가 지원을 할 것인가? 지원한다고 해도 그 많은 소요를 충족할 수 있을 것인가? 결론은 모집할 수 없다는 것이다. 모집은 소요보다 지원자가 많다는 것을 전제로 한다. 소요보다 지원자가 적다면 모집의 의미가 있는 것일까? 미달이 되어 소요를 채우지 못한다면 그것은 이미 모집이 아니다. 그 부족한 직위는 강제로 채워야 한다. 즉 징집 직위가 되어야 하는 것이다. 문제는 군의 보직은 선호하는 직위보다 비선호하는 직위가 절대적으로 많다는 데 있다. 낮과 밤을 바꿔 생활하는 GOP 철책 근무, 수색이나 특공 등의 특수 근무, 전차 및 장갑차 조종, 지뢰 제거 및 폭파병 등 대부분의 전투 직위는 비선호 직위이다. 그러나 군에서는 반드시 필요한 직위이다. 그렇다면 이 직위는 징집병으로 충원할 수밖에 없다. 이런 상식적인 사실도 인지하지 못한 채, 마치 국민들의 요구에 부응하여 병역 대상자들의 특기와 소질을 100% 계발해 주고 그들의 요구를 다 수용할 수 있을 것처럼 모집병의 비율을 늘리라고 하는 것은 전형적인 포퓰리즘적 생각이다. 〈표 5〉은 지난 5년간의 징집병 대 모집병의 비율이다. 표에서 보는 바와 같이 모집병을 최대로 늘린 경우는 '18년의 49%이다. 필자는 이것이 모집병의 비율을 올릴 수 있는 최대치라 생각한다. 그 이후 '19년에는 48%, '20년에는 46%를 차지하고 있는 것을 보면 알 수

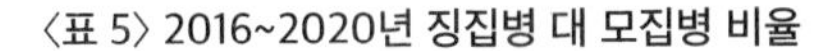
〈표 5〉 2016~2020년 징집병 대 모집병 비율

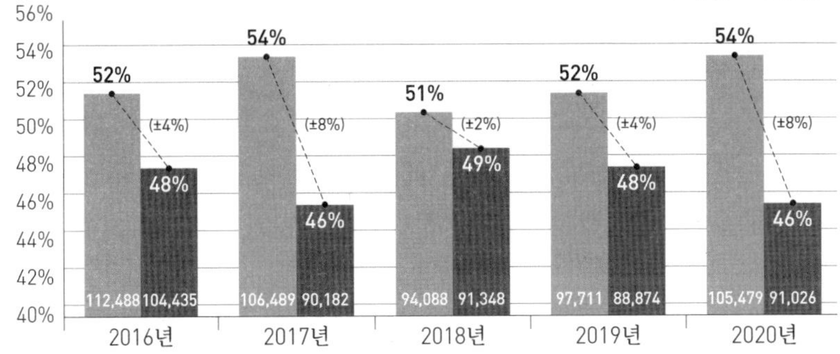

출처 : 인사사령부 인사행정처 《내부보고서》, 2021

있다. 즉 모집으로 충당할 수 있는 직위에는 한계가 있고, 적어도 50%는 희망하지는 않지만 누군가가 해야 할 직위인 것이다. 현장의 상황을 무시하고 남들의 아우성에 보답하듯 이상적인 구호를 외치는 것이 바로 대표적인 포퓰리즘적 행동이다.

4. 최전방수호병 모집 제도 시행 및 폐지

최전방수호병 모집 제도는 1, 3군 지역의 GP 및 GOP 최전방 부대에 스스로 지원한 우수 자원을 선발·배치하기 위하여 2015년부터 시행하다가 기대했던 효과보다는 부작용이 많아 2019년부터 모집을 취소하고 100% 징집으로 전환한 제도로, 모집이라는 측면에서 보면 폐지된 제도나 마찬가지이다. 필자가 이와 관련하여 문제를 제기하는 것은 이 제도를 시행한 목적과 안일한 현실 인식을 지적하기 위함이다. 인간은 타인을 위하고 공동체를 지향하는 협동적 성향도 있긴 하나, 자기 자신의 이익을 추구함은 물론, 쉽고 편한 것에 안주하고자 하는 이기적 본능도 갖고 있다. 이는 선과 악의 문제도, 윤리적 당위의 문제도 아닌 실존적 문제로, 그런 이기적 본능이 존재한다는 사실 자체를 부정할 사람은 많지 않을 것이다. 이를 다른 말로 표현하면 인간은 누구나 힘들고 어려운 일을 회피한다는 것이다. 따라서 힘들고 어려운 일에 나설 동기를 만들기 위해서는 그 고생과 어려움을 감수할 수 있는 보상(명예, 보람, 현실적 이익 등)이 뒷받침 되어야 한다. 이 정도는 초등학교에 다니는 학생도 알 수 있는 당연한 내용이다. 대부분의 병역 의무 대상자는 GP 및 GOP 근무를 복무 여건이 좋지 않고 힘들다고 생각한다. 그렇다면 GP 및 GOP에서 복무하는 '최전방수호병'에게는 그에 맞는 보상책이 있어야 모집이 가능할 것이라는 점은 상식에 속한다. 그런데 당시 '최전방수호병'에게 주어지는 보상책은 명예휘장 수여, 월 3일의 위로 휴가 추가 부여, 특수지 근무 수당 추가 지급(GP 4만원, GOP 2.5만원)이었다. 그러나 이러한 보상책은 보상으로서의 유인 효과도 없을뿐더러 현실적이지도 않았다. 첫째, '명예휘장' 수여는 당시 연간 입영 인원 약 20만 명 중 최전방수호병이 24,000명으로 전체의 12%를 차지하기 때문에 희소성이 없을 뿐만 아니라 대다수 장병들은 '특급전사'를 선호하는 경향이 있었기 때문에 전혀 동기 부여가 되지 않았다. 둘째, 병 봉급이 지속적으로 인상되는 중이라 월 2.5~4만 원의 추가 수당은 전혀 유인 요인이 될 수 없었다. 셋째, 월 3일의 위로 휴가 추가 부여는 충분히 유인책이 될 수 있었으나 이는 조직의 전투력 유지를 생각하면 절대 제도화되어서는 안 되는 조치였다. 복무 기간이 지속적으로 감소하고 있는 상황에서 월 3일의 휴가를 추가로 부여하면 전체 복무 기간에서 근 2개월이 줄어드는 효과가 있는데, 이는 GP 및 GOP 지역의 전투 준비 태세를 현격하게 낮추는 문제를 야기시킬 수 있기 때문에는 이는 군의 본질을 생각하지 않는 전형적인 포퓰리즘적 조치라 할 수 있었다.

다시 말해 제도 시행 전에 그냥 상식적으로 생각해 봐도 이 제도(모집 제도)는 실효성도 없고 만약 시행된다면 위로 휴가 추가 부여로 오히려 GP 및 GOP 지역의 전투력을 약화시키는 결과를 초래할 수밖에 없는 있어서는 안 될 제도였다. 더군다나 제도 초기 시행 시에는 지원자가 전방 부대를 선택할 수 있도록 하여 경기도 지역의 일부 부대는 초과가 되고 강원도 지역은 지속적으로 미달 현상이 발생하였다. 그런데도 이를 제도의 성공적 시행이라 홍보를 한 사실은 참으로 부끄럽지 않을 수 없다. 물론 제도 초기 시행 시기인 2015년~2017년에는 다소 경쟁비가 있었는데, 이는 당시 입영 대상자가 많이 대기하고 있는 입영 적체 현상이 심화되었기 때문에 일시적으로 나타난 현상이었다. 그러나 그것이 일시적인 현상임을 알고 있으면서도 제도를 시행한 것도 모자라 이를 대대적으로 홍보한 사실은 문제를 근본적으로 해결하려고 하기보다는 임시방편적 해결책만을 모색하려는 전형적인 포퓰리즘적 행동이라고 볼 수 있다.

〈표 6〉에서 보는 바와 같이 '15년 시행 이후 지속적으로 경쟁비가 감소하게 되어, '18년에는 계획된 모집 인원 11,000명을 획득할 수 없게 되자 모집 인원을 7,100명으로 축소시켰고, '19년에는 모집 계획을 폐지하였다. 즉 제도 시행 4년 만에 폐지하게 된 것이다. 동시에 다음과 같은 부작용이 나타났다.

첫째, 다수의 인원이 최전방에서 복무하는 것을 목적으로 하지 않고 본인이 입영을 원하는 시기에 우선적으로 입영하기 위한 수단으로 이 제도를 악용했다. 대다수의 입영 대상자가 1분기에 입영을 선호한다는 것은 앞서 언급하였다. 즉 인터넷 신청에서 1분기 입영에 선발되지 못한 인원들이 1분기 입영을 위해 '최전방수호병'으로 지원한 것이다. 이는 제도 시행 3년차인 '17년에 '최전방수호병'에 지원하여 입영한 뒤 GP 및 GOP 복무를 희망하지 않아 해임된 인원이 349명에 달하고, 〈표 7〉에서 보는 바와 같이 같은 해 면접 불참석 인원이 2,028명으로 전체 면접 대상 인원의 17.5%, '18년에 841명으로 12%인 것을 보면 알 수 있다.

즉, 입영 자원들은 최전방 수호에는 관심이 없고 본인이 원하는 시기에 입영하기 위한 수단으로 '최전방수호병'제도를 악용한 것이다.

둘째, 위와 같은 이유 때문에 모집병으로 입영한 인원들이 징집병 중

〈표 6〉 최전방수호병 모집 현황

구 분	2015년	2016년	2017년
모집 인원	10,000	8,000	8,000
지원 인원	52,497	29,938	14,467
경쟁비	5.2 : 1	3.7 : 1	1.8 : 1

출처 : 국방부, 《최전방수호병 제도 개선 방안 보고》, 2018

〈표 7〉 최전방수호병 면접 불참 및 불합격자 현황

단위:%

구 분	2017년	2018년
면접 대상	11,617명	6,985명
면접 불참	2,028명 (17.5%)	841명 (12%)
불합격(%)	749명 (6%)	310명 (4.4%)

출처 : 국방부, 《최전방수호병 제도 개선 방안 보고》, 2018

선발한 인원보다 오히려 자질이 더 저하되는 것으로 나타났다. 이는 2018년 1, 3군 간부를 대상으로 한 설문 결과에도 그대로 반영되어 있다. 즉 징집하여 '최전방수호병'에 선발된 인원의 '현역복무부적합' 처리 비율은 0.01%인 데 반해 모집을 통해 입영한 '최전방수호병'의 '현역복무부적합' 처리 비율은 0.2%로 20배 높으며, 징집한 '최전방수호병'의 징계 처분 비율이 1.0%인데 반해 모집한 '최전방수호병'의 징계 처분 비율은 2.1%로 2배 높았다. 그리고 모집병 '최전방수호병'이 불필요하다고 답한 비율이 68%에 달했다.

셋째, 대다수의 지휘관들이 최전방수호병 모집 제도의 실효성에 의문을 제기하고 오히려 징집병 중 우수 자원을 선발하는 절차를 신뢰했다. 즉 징집병 중 선발자는 신병 교육 기간 중 조교나 소대장 등에 의해 비교적 장기간의 관찰 기간을 거친 후 선발하기 때문에 품성과 능력 등에 대한 검증이 어느 정도는 가능하나, 모집병의 경우 1인당 5분 이내의 면접으로는 우수자를 선별할 수 없었다는 것이다. 그러나 위에서 제기된 문제는 사전에 충분히 예견된 문제였다. 병무청 모집을 통해 입영하는 대부분의 모집병은 기술행정병이다. 즉 기술 또는 행정 분야와 관련된 대학 전공을 하였거나 관련 자격증 또는 관련 경력이 있는 인원들이다. 따라서 서류를 통해 위의 자격 요건 충족 여부를 충분히 확인이 가능하며, 따라서 간단한 면접을 통해서도 얼마든지 선발이 가능하다. 그러나 '최전방수호병'의 경우 과연 적격 여부를 어떻게 짧은 면접을 통해 선별해 낼 것인가? 더군다나 해가 갈수록 지원 인원이 줄어들고 있는데? 애초부터 대안이 없는 제도를 시행했던 것이다. 결국 장기적인 안목과 현실성을 고려하지 않고 당장의 입영 적체를 해소하고, 언론의 조명을 받고 싶어하는 신드롬 추종의 포퓰리즘적 행동이라 말하지 않을 수 없다.

5. 임기제 부사관 제도 시행

2020년 12월 23일자 국방일보 1면에는 "유급지원병, 임기제 부사관으로 명칭 변경"이라는 기사가 실렸다. '유급지원병' 제도란 『국방개혁 2020』을 추진하면서 병 복무 기간 단축에 따른 숙련 직위의 전투력 공백을 방지하기 위해 병 의무 복무 기간을 마친 인원들에 한해서 소정의 수당을 받고 일정 기간 연장 복무를 하는 제도를 말하며, 2011년부터 시

유능한 안보 튼튼한 국방

국방일보

코로나19 감염 의심 땐, 관할보건소 또는 지역번호 +120 1339 상담하기

제16045호 1판 1964년 11월 16일 창간 2020년 12월 23일 수요일

유급지원병, 임기제 부사관으로 명칭 변경

병역법 일부개정법률안 공포
연장복무 기간 최대 4년으로 확대
전·공상 병사 전역 보류 기간 연장
입영연기 대상 대중문화예술 추가

전문성이 필요한 직위에서 군 복무를 마친 병사가 별도의 시험을 거치지 않고 하사로 임관해 6~18개월 추가 복무하는 제도인 '유급지원병'의 명칭이 '임기제 부사관'으로 바뀐다. 또 병 전역 후 연장복무 하는 기간이 기존 '최대 1년 6개월'에서 '최대 4년'까지 확대된다.

국방부는 이 같은 내용이 포함된 병역법 일부개정법률안을 22일 공포했다. 이번 법안은 의원발의안 9건을 병합한 국방위원회 대안으로 지난 1일 국회 본회의를 통과해 15일 국무회의를 거쳐 이날 공포됐다. 개정 법률안에는 유급지원병의 명칭 변경과 연장 복무 기간 확대, 전·공상 병사가 입원치료가 필요한 경우 전역 보류 기간 연장, 입영 연기 대상에 대중문화예술 분야 우수자 추가 등의 내용이 담겼다.

먼저 국방부는 유급지원병의 명칭을 임기제 부사관으로 변경하고, 병 전역 후 연장복무 하는 기간을 최대 4년까지 확대했다. 국방부는 "부사관으로서의 자긍심을 높이고 직업적 안정성을 제고하기 위해 법률을 개정했다"면서 "이를 통해 숙련 인력의 장기 활용에 따른 군 전투력 향상은 물론 원활한 인력 획득에도 기여할 수 있을 것으로 기대하고 있다"고 설명했다.

개정안에는 전·공상 병사가 입원치료를 필요로 할 경우 전역 보류 기간이 계속 연장되는 내용도 포함됐다. 기존에는 전·공상 또는 공무상 질병으로 인해 계속 입원치료가 필요하고 본인이 원하면 의무복무 만료일로부터 6개월 이내까지만 전역을 보류할 수 있었다. 앞으로는 의무복무 만료일이 6개월 경과한 후에도 계속 입원치료가 필요하다는 의학적 소견이 있다면 6개월 이하의 기간 단위로 전역 보류 기간을 계속 연장할 수 있다. 국방부는 "병사가 전역 후 국가유공자 또는 보훈보상 대상자로 인정되는 경우에만 의료지원을 받을 수 있었던 부분을 보완한 것"이라며 "국가를 위해 헌신한 병사들이 충분한 치료를 받고 전역할 수 있도록 근거를 마련한 데 그 의의가 있다"고 말했다.

이와 함께 입영연기 대상에 대중문화예술 분야 우수자를 추가하며, 사회복무요원이 개인정보를 유출하거나 이용하는 경우 처벌이 강화된다. 국방부는 "국가 위상을 높이는 데 기여하고 있는 우수한 대중문화예술인들의 전성기 활동을 보장하고자 개정을 추진했다"면서 "입영연기 대상의 구체적인 범위 등은 향후 대통령령 개정 시 규정하게 되며 입영연기가 남발되지 않고 최소화되도록 엄격히 정할 계획"이라고 전했다. 현재 문화체육관광부·병무청 등과 검토 중인 입영연기 대상 범위는 '문화 훈·포장 수훈자 중 문화체육관광부 장관이 국위 선양에 공이 있다고 인정해 추천한 자'로 알려졌다. 국방부는 "세부 내용이 정해지는 대로 병역법 시행령 입법예고를 통해 국민께 알려드리겠다"고 덧붙였다.

국방부 관계자는 "개정법률안의 내용 중 입영연기 대상과 관련된 내용은 법 공포 후 6개월이 경과한 날로부터 시행된다"며 "이외 유급지원병, 전·공상 병사 입원치료, 사회복무요원 처벌 강화 등은 공포 즉시 시행된다"고 밝혔다.

임채무 기자

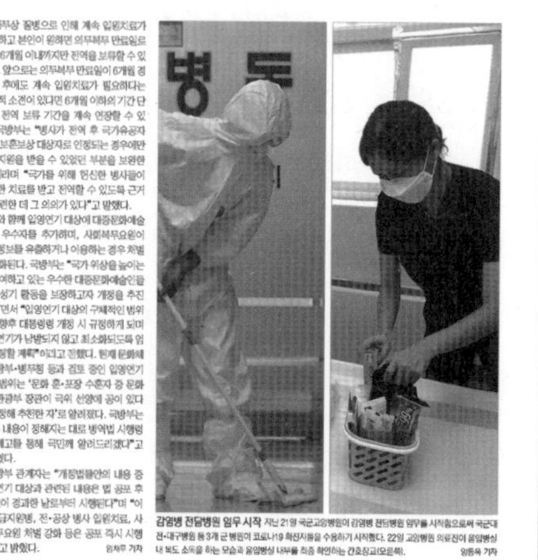

감염병 전담병원 임무 시작 지난 21일 국군고양병원이 감염병 전담병원 임무를 시작함으로써 국군대전·대구병원 등 3개 군 병원이 코로나19 확진자들을 수용하기 시작했다. 22일 고양병원 의료진이 음압병실 내 복도 소독을 하는 모습과 음압병실 내부를 최종 확인하는 간호장교(오른쪽). 임동욱 기자

〈그림 14〉 임기제 부사관 관련 국방일보 기사

행되었다. 즉 지금까지 '유급지원병'이라 부르던 명칭을 '임기제 부사관'으로 변경하고, 기존에 연장 복무가 가능한 기간이 6~18개월이던 것을 6~48개월로 확대하여 2020년 12월 22일부터 시행하겠다는 내용이었다. 그러면서 기사에는 이 제도를 시행함으로써 "부사관으로서의 자긍심을 높이고 직업적 안정성을 제고하기 위해 법률을 개정했으며, 이를 통해 숙련 인력의 장기 활용에 따른 군 전투력 향상은 물론 원활한 인력 획득에도 기여할 수 있을 것으로 기대하고 있다."고 언급하였다. 그러나 과연 그런 효과를 달성할 수 있을까?

먼저, 부사관으로서의 자긍심을 높이고 직업적 안정성을 제고할 수 있을지 생각해 보자. 위 제도는 '임기제 부사관'이라는 명칭에서 알 수 있다시피, 전문 직업 부사관을 양성하는 제도가 아니다. 제도를 만든 취지 자체가 병 복무 기간 단축에 따른 공백을 메우기 위해 단기 순환 인력으로 대체하는 임시적 성격이 강하다. 이것은 이 제도를 시행할 당시 '임기제 부사관'으로 대체할 소요 직위를 산정할 때 분대장 등 전투 및 기술 숙련 직위를 1만 명, 전차 등 첨단장비 전문 직위를 3만 명으로 산정하는 등 애초부터 병 직위에서 소요를 산정한 것에서도 알 수 있다. 또한 개인이 선택하는 연장 복무 기간이 육군 차원에서 또는 전체적인 인력 운영 차원에서 계획된 것이 아니라, 100% 본인의 의사에 의해서 선택하는 것이라는 점에서도 이 제도가 장기적 인력 운영의 차원에서 손실과 보충의 순환 개념이 아닌, 그때그때의 상황과 본인이 의사에 따른 임시방편적 인력 운영 개념이라는 것을 알 수 있다. 어느 부대에 어느 특기가 얼마만큼의 기간(6~48개월) 동안 연장 복무를 할 수 있을

지 아무도 모르는 상태에서 본인들의 희망에 의해 임시방편적으로 이루어지고 있는 제도인 것이다. 극단적으로 말하면 지원자가 있으면 좋고, 없어도 그만인 제도인 것이다. 물론, 기존에 연장 복무 가능 기간 18개월을 48개월까지 늘렸다는 측면에서 보면 직업 안정성이 다소 높아졌다고 볼 수도 있고, 늘어난 복무 기간 동안 장기 복무를 지원하는 인원이 다소 증가할 가능성도 있겠지만 이를 두고 부사관으로서의 자긍심을 높이고 직업적 안정성을 제고했다고 표현하기에는 너무 과한 표현일 뿐만 아니라 자기 자랑에 불과하다.

두 번째, 숙련 인력의 장기 활용에 따른 군 전투력 향상에 기여할 수 있는가 하는 점이다. 이 점에 있어서도 필자는 회의적이다. 앞에서도 언급했지만 이 제도는 단기 순환 인력을 대체하기 위한 임시적 성격이 강하다. 그럼에도 백번 양보해서 장기 전문 인력의 양성 제도라고 생각해 보겠다. 그렇다면 현재 획득된 '임기제 부사관'들이 과연 어떤 직위에서 복무하고 있는지 살펴보는 것은 의미가 있다고 생각한다. 그들이 숙련 직위에 복무하고 있다면 소기의 성과를 내고 있다고 할 수 있겠지만, 다른 직위에 복무하고 있다면 이는 제도의 취지에 어긋나게 운영되고 있는 것이다. 〈표 8〉은 2021년 1월 현재 임기제 부사관의 보직 현황을 보여주고 있다. 표에서 보는 바와 같이 임기제 부사관이 정작 필요한 전방 지역(동부지역과 서부지역)은 부족(동부 87%, 서부 78%)한 반면, 필요하지도 않은 2작전사와 육·국직부대는 각각 382%와 471%로 크게 초과되어 있음을 알 수 있다. 더 심각한 것은, 이들 중 84%가 부사관 직위가 아닌, 병 직위에 복무한다는 점이다. 이것은 무엇을 의미하는가? 군에서 정작 필요한 전투분대장 직위 또는 첨단 장비에 필요한 숙련된 직위에 '임기제 부사관'이 운영되는 것이 아니라 현재 복무하기에 여건이 좋은 병 직위 위주로 운영되고 있음을 보여주고 있는 것이다. 다시 말하면 전체 소요 직위에 대한 획득은 113%로 양호한 것처럼 보이지만, 이를 자세히 들여다보면 정작 필요한 곳에서는 부족하고 필요하지 않은 곳에서 잉여 보직을 하여 전체 보직률을 뒷받침하고 있는 것이다. 따라서 숙련 인력의 장기 활용에 따른 군 전투력 향상에 기여할 수 있다는 기사는 잘못된 것이라 볼 수 있다.

세 번째, 원활한 인력 획득에 기여할 수 있다는 점은 어떨까? 이 점에 있어서도 필자는 동의하고 싶지 않다. 이유는 개선된 제도에서 병 의무 복무 기간 18개월을 마친 후 1년 이상의 연장 복무를 신청한 인원은 각 병과학교의 초급리더과정에 입교한 후 하사 직위에 보직한다고 했기 때문에 1년 이상 신청하는 인원은 극소수일 것이며, 대부분의 지원자는 보수 교육과 병 직위에서 하사 직위로 변경 소요가 없는 6개월을 신청할 것이기 때문이다. 결국 1년 이상 지원할 대상자가 오히려 줄어들

〈표 8〉 임기제 부사관 보직 현황

구 분	계	동부지역	서부지역	2작전사	육·국직
소요	5,086	1,360	3,275	147	305
보직	5,730 (+644/113%)	1,196 (-164/88%)	2,535 (-739/77%)	562 (+415/382%)	1,437 (+1132/471%)
병직위 보직	4,839 (84%)	1,047 (87%)	1,998 (78%)	525 (93%)	1,269 (88%)

출처 : 육군본부 인참부, 《임기제 부사관 인사관리 개선 검토》, 2021

것이기 때문에 원활한 인력 획득에 기여한다는 것도 동의하기 어렵다. 〈표 9〉는 유급지원병 시행과 관련하여 지난 2004년과 2006년에 실시한 설문조사이다. 조사 결과에서도 알 수 있듯이 유급지원병(임기제 부사관)을 지원하는 대상자 대부분의 지원 사유는 학비 마련과 취업 준비가 절대 비중을 차지한다. 따라서 그들이 희망하는 복무 기간도 학비를 마련해서 다음 학기 복학 준비를 하거나 취업 준비를 하기 위한 6개월 이하가 대부분이다. 그렇기 때문에 12개월 이상 복무 희망자를 부사관 초급 과정에 입교시키고 하사 직위로 보직을 조정한다는 개선안을 시행하게 되면, 위 표에서 12개월을 희망하는 24.5%마저 6개월 이내로 줄어들 것이며, 이런 측면에서 원활한 인력 획득에 기여할 수 있다는 기사의 내용에 동의할 수 없다.

그렇다면 왜 이런 현상이 발생하는 것일까? 이것은 현실과 이상의 차이를 인정하지 않고 이상적인 목표에 현혹되어 불편한 현실을 인정

〈표 9〉 유급지원병 관련 설문조사 결과(2004년, 2006년)

▶ 지원 사유

단위:%

구 분	계	학비 마련	취업 준비	기타
2004년	100	40.8	35	24.2
2006년	100	58	35.8	6.2

▶ 희망 복무 기간

단위:%

구 분	계	6개월	12개월	18개월 이상
2004년	100	82.4	8.5	9.1
2006년	100	65.9	24.5	9.6

출처 : 국방부,《유급지원병제 도입방안 검토 결과》, 2007

하지 않으려는 포퓰리즘적 생각에 빠져 있기 때문이다. 즉 불편한 현실을 인정하게 되면 많은 사람들로부터 평판이 저하되기 때문에 건드릴 필요도 없고 괜한 이슈를 만들 필요도 없기 때문이다. 그러다 보니 상호 배치되는 목적을 달성해야 하는 상황에서는 불가피하게 어느 한쪽을 선택해야 함에도 불구하고, 그럴듯한 미사여구를 통해 마치 둘 다를 이루고 있는 것처럼 포장하면서 실상은 둘 다 이루지 못하는 현상을 대변한다. 필자가 생각하기에 위에서 언급된 문제의 핵심은 현실과 이상의 차이를 분명히 인정하고 각각에 맞는 현실적 대안을 모색하는 것이다.

첫째, 임기제 부사관(유급지원병) 제도를 왜 만들었는지를 따져 보아야 한다. 앞에서도 언급했듯이 이 제도를 만든 이유는 병 복무 기간이 감소됨에 따라 병 숙련 직위를 대체하기 위한 제도이다. 즉, 임기제 부사관은 병 직위에 복무하는 것이다. 그렇다면 명칭은 '임기제 부사관'이 아니라 '유급지원병'인 것이다. 정말 고도의 숙련도와 전문성이 요구되는 직위라면 처음부터 병이 아닌 부사관으로 선발했어야 한다. 병 직위에 복무하는데 왜 부사관의 급여를 지급해야 하는가? 이것은 예산 낭비이다.

둘째, 이 모든 문제의 근원은 무엇인가? 결국은 부사관의 획득이 저조하기 때문이다. 숙련 직위를 부사관으로 전환시키고 부사관으로 획득하고 싶어도 부사관 획득이 되지 않는 현실이 가장 중요한 팩트fact다. 아무리 좋은 제도를 만들어 놓고 시행하려 해도 인력을 획득할 수 없다면 사상누각이다. 부사관을 획득할 수 없는데 무슨 방법이 있겠는가? 백약이 백해무익하다. 앞서 언급했듯이 '임기제 부사관'의 대부분이 육·국직 부대에서 선발되는 것은 현재 그곳의 근무 여건이 좋기 때문에 지원한 것이고, 소요에 비해 초과되는 불균형 현상이 일어나고 있음에도 불구하고 보직을 조정하지 못하고 있는 것은, 보직을 조정할 경우 획득율이 현저하게 줄어들 것이기 때문이다. 그러니 눈 가리고 아웅하는 식으로 목적과 취지에 어긋나는 현실에서도 이를 마지못해 용인하고 있는 것이다. 군은 부사관의 획득이 안 되고 있다는 현실을 인정해야 한다. 그렇다면 답은 의외로 간단하다. 부사관의 획득률을 높일 수 있도록 대안을 마련해야 하는 것이다. 부사관의 처우와 복무 여건을 획기적으로 개선해야 한다. 그러기 위해서는 많은 재원이 필요하다. 국가의 재원은 한정되어 있다. 한정된 재원 범위 내에서 어떻게 부사관 획득을 위한 재원을 마련할 것인가? 나는 병에게 지원되는 재원을 최소화하고 그 재원을 부사관에게 투자해야 한다고 생각한다. 병역 자원은 계속 감소하고 있다. 병은 계속 감소할 것이고, 이를 부사관이 대체해야 하는 것은 대세이다. 우리나라는 징병제 국가이다. 징병제는 병역 의무자의 일정한 희생을 전제로 한다. 애초에 북한이라는 적대 세력이 존재하지 않았다면 우리나라는 징병제를 시행하지 않았을 것이다. 그러나 북한이라는 적대적 실체가 존재하고 있고, 따라서 징병제가 필요하다는 것이 현실이다.

어려운 여건 아래에서도 묵묵히 희생을 감내하고 있는 병역 의무자에게 급격한 봉급 인상으로 포퓰리즘적 기대치 만큼이나 국가의 안보 비용을 기하급수적으로 늘려 놓은 것은 현 상황에서는 대안이 아니라고 본다. 정치권이 어떻게 나오든, 적어도 군에서만큼은 냉정한 현실을 인식하고 대안을 마련해야 했다. 오죽하면 일부 장병들 사이에서 '임기제 부사관' 제도를 두고 '알바 부사관'이라는 말이 나왔겠는가? 이는 신성한 군 복무에 대한 모독이다. 현재 시행되고 있는 '임기제 부사관' 제도는 그 목적에서도 효과 면에서도 부적절하다. 현재 운영되고 있는 직위의 84%가 병 직위에 있다는 것은 그 병 지위가 초과되어 운영되고 있다는 것이고, 다르게 말하면 그 직위가 없어도 부대 운영에 큰 지장이 없다는 것을 의미한다. 다만 기여하고 있다면 정부 차원에서 시행하고 있는 청년 일자리 창출 면에서는 일정 부분 기여하는 점이 있을 것이다. 그러나 군 조직이 군 본연의 전투력 향상을 위한 노력에 집중해야지, 정부의 일자리 창출이라는 정치적 목적의 수단으로 활용되어서야 되겠는가? 그런데 누구도 목소리를 내지 못하고 있다. 왜? 군 수뇌부가 모두 포퓰리즘적 사고에 지배되고 있기 때문이다. '임기제 부사관' 제도를 폐지하고 그 예산을 정규 부사관 직위로 대체하는 데 활용하는 것이 보다 목적에 부합한다고 생각한다.

6. 가치를 의심하게 하는 육군용사상 시행

육군에서는 2018년부터 육군에 성공적으로 복무 후 전역하는 용사들에게 '육군용사상'을 수여한다. 이 제도를 시행한 목적은 '병 의무 복무자의 성실 복무를 유도하고 병역 의무 이행의 자긍심을 고취'하기 위함이다. 그러나 이것을 '상賞'이라고 표현하기에는 상당한 문제가 있다. 상이란 일반적인 결과 또는 성과보다는 특별히 더 나은 결과 또는 성과에 대한 칭찬 또는 보상을 의미해서이다. 즉 상이란 어떤 특정 기준을 달성한 모든 사람에게 주는 절대적 평가가 아니라, 구성원 중 특별한 성과를 달성한 일부에게만 주는 상대적 평가인 것이다. 따라서 구성원 대다수가 상의 대상이 된다는 것은 이미 상으로서의 가치를 상실했다고 볼 수 있다. 그것은 상이 아니라 일종의 자격증 또는 인증서로의 역할을 하고 있는 것이다. 〈표 10〉은 2020년 지작사령부 예하 2개 사단과 2작전사령부 예하 1개 사단에 대한 '육군용사상' 수여 결과를 분석한 것이다. 보는 바와 같이 2개 사단은 대상자의 84%가 수여를 했고, 1개 사단은 76%가 수여를 해 전체적으로 대상자의 81%가 수여했음을 알 수 있다. 심지어 전역하는 부대원 모두(100%)에게 수여한 사단도 2개 사단이나 있었다. 그렇다면 이것이 과연 특별히 더 나은 결과 또는 성과에 대한 칭찬 또는 보상을 의미하는 상이라고 할 수 있겠는가? 상이란 고귀해야 한다. 그리고 그 상이 고귀함을 유지하려면 희소성을 잃지 않아야 한다. 인류의 역사를 주도했던 많은 제국들이 전성기의 힘을 다하고 멸망의 길로 들어서는 쇠퇴기에 공통적으로 나타나는 현상이 고귀한 것의 가치 상실이었다. 화폐가 그 가치를 유지해야 하는데, 로마 말

〈표 10〉 2020년 육군용사상 수여 실태(3개 사단)

구 분	계	00사단(지작사 서부)	00사단(지작사 동부)	00사단(2작전사)
대상 인원	13,781	5,121	6,263	2,397
수여 인원	11,252	3,934	5,298	2,020
비율(%)	81.6	76.8	84.6	84.3

출처 : 인사사령부,《내부 자료》, 2021

기에는 금의 함량이 줄어 가치가 하락했고,[45] 독일에서는 히틀러가 등장하기 직전의 바이마르 공화국에서 엄청난 양의 지폐를 찍어내 화폐 가치 하락으로 경제가 파괴됐으며, 관직의 고귀함이 유지되어야 함에도 조선 말기에는 매관매직으로 관직의 가치가 하락해 나라의 기강이 무너졌으며, 포상권의 남발로 포상의 권위가 저하됐다. 구한말의 지식인 매천梅泉 황현黃玹은 그의 저서 『매천야록梅泉野錄』경자년(1900년, 고종 37년)의 일기에서 훈장의 남발과 관련하여 이렇게 적었다.

> 우리 임금이 외국을 흠모하여 표훈원表勳院을 설치하고 훈장의 격식도 정했다. 그러나 세상에서 매국자라 칭하는 자들이 훈장을 받더니, 일년 뒤에는 졸병이나 머슴들도 훈장을 달지 않은 이가 없었다. 훈장을 단 사람들조차도 서로 바라보며 웃었다. 외국에 보내면 받기를 사양하는 자도 있었다. 왜놈들은 훈장을 받으면 며칠간 달고 다니다가 녹여서 팔아먹었다. 이처럼 많은 사람들에게 멸시를 당하는데도 (정부에서) 깨닫지 못했다. 이 뒤로 훈장 추서에 관한 것은 기록하지 않는다.

이 기록이 있은 지 10년 후 조선은 국권을 상실하고, 매천 황현은 지

---

45 로마제국 시대의 대표적인 금화인 '솔리두스solidus는 312년 콘스탄티누스 황제 때 만들어져 1020년까지 700년간 사용되었다. 최초 만들어졌을 때에는 견고한solid이란 말처럼 금의 함량이 완전했으나 제국의 힘이 약해지면서 금의 함량을 줄이기 시작하여 제국 말기에는 그 함량이 10%까지 내려갔다. 이렇게 되자 국민들은 금 함유량이 많은 금화는 집에 보관하고 금 함유량이 낮은 것만 유통시키게 되었고, 종국에는 화폐로서의 역할을 다하지 못하게 되었다. 솔리두스가 무너지면서 동로마제국도 와해되었다.

식인으로서의 책임을 통감하며 자결했다. 고귀한 것이 흔한 것이 될 때 그 가치가 천해지는 것은 동서고금을 막론하고 증명된 진리이다. 눈에 보이지 않고 손에 잡히지 않지만, 그러한 무형의 가치가 무너지게 되면 조직(국가, 사회 등) 또한 무너지게 되는 것이다. '육군용사상'은 애당초 '상'으로 탄생해서는 안 되는 제도였다. 그것은 '육군용사상'의 문구를 봐도 알 수 있다. 그 문구는 아래와 같다.

> 위 사람은 복무 기간 동안 위국헌신, 책임완수, 상호존중의 가치를 실현하여 왔으며 국가와 국민을 수호하고 국가 방위의 중책을 훌륭히 완수하였으므로 이에 육군용사상을 수여합니다.

위 문구에서는 어떤 특정 인원의 탁월함 또는 특별함은 찾아볼 수 없다. 통상적으로 상은 구성원들 간의 경쟁을 토대로 1등, 2등 또는 금상, 은상, 우수상, 장려상과 같이 등수가 정해져 그 결과에 따라 포상금 또는 포상품이 차별화된다. 따라서 위 문구만을 봤을 때는 처음부터 상의 개념으로 출발한 것이 아니라 일정한 기준을 넘어서는 구성원 모두에게 수여하게 되는 자격증 또는 인증서의 개념으로 시작되었음을 알 수 있다. 오죽하면 이 상을 수여하는 대대장들이 '육군용사상'의 수여를 많은 사람들 앞에서 떳떳하게 수여하지 못하고 개별적으로 방으로 불러서 별도로 수여하는 일이 벌어지고 있겠는가?[46]

---

46 필자가 야전 방문을 하여 확인한 사항이다. 00부대의 전역병이 5명인데, 4명은 '육군용사상'을 받는 대상자였고, 1명은 비대상자였다. 5명 모두의 신고를 받는 부대장 입장에서

포상의 수여 방법 중에는 많은 사람들이 보는 앞에서 공개적으로 수여하라는 원칙이 있다. 상이란 구성원들의 모범과 표상이 되는 사람을 구성원들로 하여금 본받도록 하기 위한 목적이 있기 때문이다. 그러나 대부분의 구성원들이 수상받는데, 특정 인원만 수상받지 못하는 일이 생겨서 수상받지 못한 인원에게 미안해서 공개적으로 수여할 수 없다면 이미 그것은 상이 아닌 것이다. 그럼에도 불구하고 왜 상賞이라는 명칭을 부여했을까? 그것은 '자격증' 또는 '인증서'라는 명칭을 사용하는 것보다는 '상'이라는 명칭을 사용해야 구성원들이 좋아하게 될 것이고 그럴듯하게 '폼'이 날 것이라는 기대감이 있기 때문이다. 대한민국 대다수 국민들이 갖고 있는 상이라는 고귀한 이미지를 군이 이렇게 떨어뜨려도 되는 것일까? 이 역시 전형적인 포퓰리즘적 발상에서 시작된 제도라 할 수 있다.

7. 우후죽순 늘어나는 전쟁영웅상

필자는 생도 시절에 멋진 정복을 입고 화랑연병장에서 '재구상'을 받는 선배님들을 보면서 정말 가슴속에서 우러나오는 존경심이 들었던 경험이 있었다. 얼마나 훌륭한 업적을 남겼으면 그 많은 전투 중대장 중에서 선발되어 이곳 육군사관학교에까지 와서 생도들 앞에서 상을 받는 것일까? 매주 금요일 실시하는 '화랑의식'을 마치고 생활관으

상을 받지 못하는 1명에게 미안하여 전역 신고를 받는 자리에서 수여하지 못하고 별도로 개인에게 나누어 주고 있었다. 일부 부대에서는 전역하는 용사들이 자신이 받은 '육군용사상'을 생활관에 버리고 가는 사례도 있었다.

로 복귀하면서 꼭 지나치게 되는 육군박물관 앞의 '강재구 소령' 동상을 보면서 '나는 과연 강재구 선배님과 같은 절체절명의 위기 상황을 접했을 때 그런 의로운 행동을 할 수 있을까?'라는 생각을 하면서 늘 마음속으로 그런 군인이 되기를 다짐해 보던 기억이 새롭다. 그러나 지금은 과연 우리 후배들이 그런 마음을 먹을 수 있을지 의심스럽다. 우선 '전쟁영웅상'의 종류가 너무 많아 필자도 헷갈린다. 〈표 11〉은 현재 육군에서 시행하고 있는 전쟁영웅상의 종류이다. 보는 바와 같이 연간 시행되는 전쟁영웅상이 10종류나 되고 수여 인원은 102명이나 된다. 이러다 보니 상의 가치가 하락하고 수상자의 자부심도 줄어들게 될 수밖에 없다. 똑같은 전투부대 중대장을 대상으로 하는 재구상과 심일상의 대상자를 차별화하기도 어렵기 때문에, 당신은 무엇 때문에 재구상을 받

〈표 11〉 육군에서 시행하고 있는 전쟁영웅상

구 분	시행	대상	선발인원	포상	수여행사
재구상	1966년	전투부대 중대장	14명	총장 표창 부상(메달) 제주도여행 (가족1명 동반)	육사교 위임
육탄10용사상	2001년	전투부대 중사	14명		부사교 위임
심일상	2003년	전투부대 중대장	14명		춘천지구 전승행사
동춘상	2006년	전투부대 소대장	14명		보병교 위임
제근상	2011년	전투부대 상사	14명		낙동강 전승행사
마이켈리스상	2013년	주한미군 대(중)대장	1명		낙동강 전승행사
김종오상	2013년	전투부대 대대장	3명		춘천지구 전승행사
풍익상	2013년	포병대대장	1명		포병의 날 행사
백재덕상	2021년	중대급 행보관	14명		부사교 위임
이명수상	2021년	대대급 주임원사	14명		낙동강 전승행사
비 고	10개 종류 103명(주한미군 제외시 102명)				

출처 : 인사사령부, 《내부 자료》, 2021

게 되었고, 당신은 왜 심일상을 받게 되었는지 설명해 줄 수도 없다. 중대장을 대상으로 한 상이 생기니, 소대장을 대상으로 한 상도 만들어야 하고, 대대장을 대상으로 한 상도 만들고, 행정보급관도, 주임원사도 만들어야 한다고 해서 우후죽순으로 생겨났다. 그렇다면 우수 연대장, 사단장, 군단장에게 수여할 상도 만들어야 하며, 연대 주임원사, 사단 주임원사도 만들어 달라고 요청한다면 다 만들어 줄 것인가? 누군가 주지 말라고 통제하는 사람도 없고, 내 돈 들어가는 것도 아닌데 인심 쓰면서 펑펑 주면 되는 것인가? 양이 많아지면 가치가 떨어지는 것은 만고의 진리이다. 우리는 왜 그런 평범한 진리를 외면하는 것일까? 눈에 보이지 않는 가치를 꼼꼼하게 따지면서 인심을 잃기보다는 당장 눈에 보이는 현실적 이익을 나누어 주면서 인심을 얻는 것이 더 중요하기 때문이다. 전형적인 포퓰리즘적 행위가 아닐 수 없다.

한 가지 사례가 더 있다. 지난 2019년부터 보병사단(상비, 지역방위) 중 최우수 소대를 선발하여 육군참모총장 부대 상장을 수여하고 있다. 처음에는 육군에서 왜 말단 소대까지 선발해야 하는지 의구심이 있었으나 창끝 부대 전투력의 중요성을 강조하는 측면에서 충분히 가치가 있다고 생각했는데, 내용을 살펴보니 육군 전체에서 1개 소대만 선발하지 않고, 사단별로 1개 소대씩 총 00개 소대를 선발하는 것이었다. 그것도 육군이 아닌 각 사단에서 선발·추천하면 육군에서는 참모총장 상장을 수여하는 것이었다. 사단별로 1개 소대씩 선발한다면 사단장 표창을 수여하면 되는데 왜 참모총장 표창을 수여하는가? 필자가 소대장 시절에는 사단장이라는 직책이 엄청난 무게감으로 다가왔었는데, 현재 소대장들에게는 별 두 개로서는 그만한 무게감을 주지 못한다는 것인가? 꼭 소대장에게 참모총장 별 4개의 표창을 주어야만 그 소대장이 자부심을 느끼는 것일까? 왜 육군은 포상의 가치를 스스로 저하시키는 행동을 하는 것일까? 사단장 표창이나 상장으로는 그만한 가치를 반영할 수 없고, 육군참모총장 표창이나 상장을 수여해야만 가치를 부여할 수 있다면 이미 우리 육군에 포상 인플레이션이 심각하게 누적된 것이다. 육군 전체에서 1개 소대를 선발한다면 참모총장 상장이 맞고, 사단별로 1개 소대씩 선발하여 00개 소대에게 나누어 준다면 사단장 상장을 수여하는 것이 맞다. 양을 늘리면서 가치도 그대로 유지하려고 하는 것은 '눈 가리고 아웅'하는 것이다. 그러나 포퓰리스트들은 그 사실을 알면서도 애써 외면하며 자신의 평판을 위해서 양을 늘리기에 앞장선다.

8. 1년 단위 장교 보직 교체

육군에 복무하는 대부분의 장교는 1년 단위로 보직을 교체할 뿐만 아니라 이동 시기도 매년 4분기에 집중된다. 〈표 12〉는 2020년 4분기 육군본부(계룡대)에 보직하는 장교들의 이동 현황이다. 보는 바와 같이 계룡대에 보직하는 장교들의 60.8%가 4분기에 이동을 하며, 특히 각 과에서 핵심적인 역할을 담당하는 중령의 교체율은 70%에 이른다. 10명 중 7명이 10월부터 12월까지 3개월 동안에 집중적으로 교체되고 있는 것이다. 1년 단위 보직 교체의 문제점에 대해서는 뒤에 나오는 글[47]에 구

47 전계청, 〈육군을 위한 여섯 가지 질문과 제언〉, p.229~241

체적으로 언급하였기에 여기서는 논하지 않겠다. 문제는 '왜 1년 단위 보직을 지속하고 있는 것일까? 그 근본적인 이유는 무엇인가?'이다. 어떤 조직이든 인사 적체가 심해지면 활력이 떨어진다. 인간은 누구나 성장 욕구가 있고, 자신이 몸담고 있는 조직에서 자신의 성장 가능성을 발견하지 못한다면 조직을 떠나게 된다. 이런 대전제는 필자도 전적으로 동의한다. 그렇다면 1년 단위 보직과 자신의 성장과는 어떤 관계가 있을까? 1개 보직에서 2~3년 보직을 하게 되면 성장에 장애가 되는가? 현재 육군의 인사 제도적 측면에서 보면 그런 면이 많다. 육군에서는 계급별 필수 보직과 선택 보직을 정해 다양한 보직을 경험한 장교를 우수하게 평가하고 1개 보직에 36개월 이상 장기 보직자는 우수하게 평가하지 않는다. 따라서 가급적 다양한 보직을 경험하기 위해서는 필수 보직 기간 1년을 이수하고 다른 보직으로 이동하여 새로운 경험을 하는 것이 개인에게 유리하다. 그러나 경험의 완전성은 해당 보직의 처음부터 끝까지 한 사이클을 완전히 경험할 때 비로소 달성된다. 물론 개인

〈표 12〉 육본(계룡대) 근무 장교 계급별 보직 교체율(2020년, 4분기)

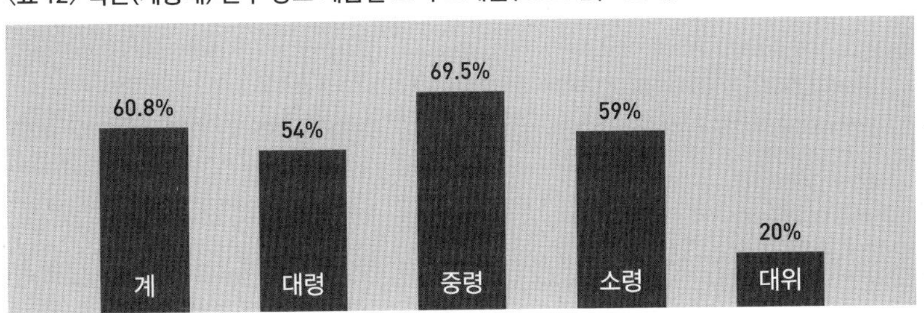

출처 : 인사사령부, 《내부자료》, 2021

별로 능력에 차이가 있기 때문에 어느 정도의 기간을 근무해야 그 직무를 완전히 자신의 것으로 만들 수 있을지는 각자의 능력에 따라 다르겠지만, 보편적이고 상식적인 수준에서 일의 처음부터 끝까지를 경험해야 그 직무를 '마스터'했다고 말하는 데 반대하는 사람은 별로 없을 것이다. 그런 면에서 생각해 보면 어떻게 육군에 존재하는 그렇게 다양한 직무들을 똑같이 1년 만에 '마스터'할 수 있다는 것인가? 더구나 매년 10월부터 다음 해 1월까지 거의 비슷한 시기에 일괄적으로 마칠 수 있을까? 백번 양보해서 모든 구성원들에게 100% 경험의 완전성을 충족시켜 주었다고 치자. 그렇다면 과연 조직의 측면에서 볼 때, 그 모든 구성원들이 조직이 요구하는 수준을 다 충족시켰기 때문에 다음 보직으로 이동하는 것일까? 필자의 생각은 결코 그렇지 않다. 조직이 존재하는 본질적 목적은 둘째이고, 개인의 경력 쌓기와 다음 계급을 위한 진급을 더 우선하기 때문이다. 조직은 말이 없고 또한 살아 움직이지 않지만, 상하 관계는 군 생활을 계속하는 한 영원하기 때문이다. 그렇기 때문에 많은 장교들이 내가 이 직책에서 어떤 성과를 낼 것인가를 고민하기보다는 이 직책은 다음 보직으로 이동하기 위한 중간 단계에 불과하다고 생각하고, 직무의 완전성보다는 인간관계의 원만함을 추구한다. 여기에 피라미드식 보직 구조는 상위직급으로 올라갈수록 원하는 보직을 찾기가 어려워지기 때문에 타이밍을 놓치지 않기 위해 1년 보직을 고집한다. 그렇다면 궁금증이 생기지 않을 수가 없다. 보직의 목적은 무엇인가? 개인의 성장이 우선인가? 조직의 발전이 우선인가?

많은 선배들의 전역식 행사를 보면서 눈시울을 적신 적이 많다. 선배님들이 전역사를 하시면서 꼭 언급하는 부분이 힘든 군 생활을 함께해 준 부인에 대한 고마움과 긴 세월 동안 군 생활을 하느라 집안일에 신경을 쓰지 못했는데, 이제 전역해서는 가정에 더 관심을 갖겠다는 언급이다. 나는 그 말에 전적으로 공감하지만, 전역해서 가정에 더 관심을 갖겠다고 말하는 사람 전부가 실제로 그렇게 할 것이라고는 동의하지 않는다. 평상시부터 가정에 관심이 없는 사람은 전역을 해도 대부분 마찬가지이다. 그런 사람이 마음을 바꿔 가정적인 사람이 된다는 것은 1% 내외라고 생각한다. 인간은 습관의 동물이다. 오랜 습관은 결코 쉽게 바뀌지 않는다. 조직과 직무에 대한 관념도 마찬가지다. 많은 장교들이 다양한 경험을 통해서 조직에 더 큰 기여를 하겠다고 상위직으로 진출한다. 즉 현재는 짧은 경험으로 조직 발전에 미흡했더라도, 내가 성장해서 언젠가는 더 큰 조직에서 더 큰 일을 통해 현재의 작은 부족함을 채우겠다고……, 하지만 그런 사람은 절대 조직을 위해 기여하지 않는다. 군 생활을 마감할 때까지 자신의 성장을 위해 앞으로 달려갈 뿐이다. 그에게 있어 조직과 직책은 자신의 다음 목표 달성을 위한 수단에 불과할 뿐이다. 조직과 직무의 발전보다는 함께 보직했던 사람들과의 관계가 우선이고 그들로부터의 인정과 평판이 더 중요하다.

조직과 대의를 위해서는 견해와 의견을 달리하는 사람들과의 마찰과 대립이 불가피하다. 그러나 자신의 성장을 위해 앞만 보고 달리는 사람에게 이런 태도를 요구하는 것은 불가능하다. 그러다 보니 문제의 근본적인 해결을 찾는 것이 아니라 자신의 짧은 보직 기간 동안 무리 없으면서 즉각 효과를 볼 수 있는 근시안적인 미봉책만을 추구한다.

잦은 보직 교체는 많은 문제점을 양산하고 있지만 그중에서도 가장 대표적인 문제는 많은 장교들이 뿌리 없는 업무를 하도록 유도하고 있다는 점이다. 내 업무의 뿌리가 어디서부터 왜 나왔는지 다 알지 못하고 고민도 하지 않으면서, 현재 내가 매달린 줄기에서 좋은 열매 맺기만을 추구하도록 그 분위기를 조성한다. 간혹 운이 좋아서, 또는 주변 환경이 좋아서 좋은 열매를 맺을 수도 있지만, 많은 업무들이 열매 자체를 맺지 못하거나 또는 뿌리와는 다른 이상한 돌연변이 형태의 열매를 맺기도 한다. 최근 육군훈련소에서 코로나19 방역과 관련하여 비인격적 조치를 했다는 SNS 제보로 온 나라가 시끄러웠다. 결론적으로 국방부장관과 육군참모총장이 대국민 사과를 하고 '전군지휘관회의'를 통해 개선책을 발표하는 등 후속 조치를 취하고 있지만, 우리는 이를 단순히 육군훈련소의 과도한 조치에 따른 결과로만 생각해서는 안 된다. 문제의 핵심은 적정 수용 능력을 초과하는 훈련소의 열악한 환경이다. 열악한 환경에서 과도한 업무를 수행할 수밖에 없는 환경이 조성된 것이 일차적 원인이고, 이는 우리 육군 구성원 모두의 책임이다.

필자는 2020년 말 22사단 경계 관련 사건 발생 직후, 여러 가지 자료를 확인하던 중 22사단에 신병교육대가 없어 2작전사령부 예하 사단의 신병교육대에서 배출된 신병들이 22사단으로 보충된다는 사실을 알게 되었다. 2작전사령부 예하 부대에서 22사단까지 병력을 보충하기에는 보충선이 너무 신장되어 이동 시간이 길고, 이동 간에 사고가 발생할 개연성도 있기에 가급적 가까운 지상작전사령부 신병교육대에서 수료하는 인원 또는 육군훈련소에서 수료하는 자원으로 보충하려고 노력했지만, 곧 불가능함을 알게 되었다. 지상작전사령부 예하 부대의 신병교육대가 다수 해체되어 지상작전사령부 자체 운영에 필요한 신병의 양성도 제한될 뿐만 아니라, 육군훈련소에서도 적정 수용 인원을 초과하여 양성하고 있어 불가피하게 2작사령부 예하의 부대에서 신병을 양성하여 보충할 수밖에 없는 구조가 고착되어 있었다. 그래서 이런 구조가 처음부터 의도된 것은 아닐것이라는 생각에 그 뿌리를 추적해 보았다. 그 결과 국방개혁 2.0 추진에 의해 전방 지역에 있는 신병교육대가 일부 해체되는 만큼, 부족해지는 양성 소요를 대체하기 위해 학생중앙군사학교에 2개 연대를 창설하여 육군훈련소에서 담당하던 보충역 양성 임무를 넘겨받고, 육군훈련소에 1개 연대를 추가 창설하여 전방에 필요한 양성 소요를 지원하는 것으로 계획되어 있었다. 그러나 모두가 알고 있다시피 학생중앙군사학교에서는 추가 연대 증편도 없었고, 기존에 3사관학교에서 양성하던 특수병과 장교 양성을 담당해야 하기 때문에 육군훈련소를 대신해 보충역의 양성을 담당할 여력도 없다. 육군훈련소 또한 1개 연대의 추가 증편이 없었다. 그러다 보니 전방에서 소요되는 신병을 현재는 육군훈련소와 2작사령부에서 나누어 양성하고 있는 현상이 벌어진 것이다. 다시 말하면 해체하기로 계획된 신병교육대는 정상적으로 해체한 반면, 이를 보완할 학생중앙군사학교와 육군훈련소의 추가 연대 편성은 정상적으로 추진이 되지 않은 것이다. 그러다 보니 육군훈련소는 기존의 양성 계획보다 초과된 신병 교육으로 과도한 업무에 시달리고 있었고, 더 심각한 건 육군본부 개혁실 실무자도, 육군훈련소 관계자도 이런 내용을 전혀 인지하지 못하고 있었다는 사실이다. 이와 관련하여 육군훈련소장과 통화를 한 적이 있었는데, 그런 내용과 관련하여 들은 바가 없거니와 현재 육군훈련소에는 1개 연대를 추가로 편성할 부지敷地조차 없다는 말을 들었다.

우리가 업무의 뿌리를 알지 못하면서 일을 하면 언제든지 이런 일이 발생할 수 있다. 물론 코로나19라는 상황이 발생하지 않았다면 그럭저럭 넘어갔을 수도 있었겠지만, 언젠가 발생할지 모르는 잠재 요인을 늘 안고 있는 것과 같다. 이와 관련하여 한 가지 제안을 하자면 22사단에는 반드시 신병 교육 부대가 편성되어야 한다. 3, 8군단의 부대 개편과 관련 없이, 현재 상태로는 태백산맥 우측에 신병 교육 부대가 하나도 없기 때문이다. 겨울철 눈길, 여름철 태풍 등 악기상 시 신병 수송 차량이 사고가 나서 많은 인명이 손상을 입고 언론에 크게 부각이 된 후에야 신병 교육 부대를 만든다고 후속 대책을 논의할 것인가? 22사 지역이 경계 작전을 하기에 여러모로 어려움에도 불구하고 언제까지 다른 부대에서 양성한 신병을 받아서 활용할 것인가? 22사단장에게 자신의 지휘 철학하에 자신이 양성한 신병을 활용할 수 있는 여건을 마련해 주는 것이 그렇게 어려운가?

뿌리 없는 업무 추진의 예를 한 가지 더 들어 보겠다. 뿌리根란 근본을 의미한다. 즉 어떤 행위를 하는 근본 목적을 알고 실천하는 것이다. 내가 왜 이 행위를 하는 것인지? 이 행위를 하는 근본 목적은 무엇인지? 무엇을 위해 이 행위를 하는지? 이 행위를 통해 얻고자 하는 것이 무엇인지? 등에 관한 성찰이 뒷받침된 후에 그 일을 수행하는 것이다. 최근 육군에서는 『'19~'33 육군전략서』를 작성하고 있다. 필자가 보기에 이 전략서가 어찌 보면 육군 최초로 전략 개념이 들어간 전략서라고 할 수 있다. 물론 과거에도 육군에 전략서는 있었지만, 이전에는 전략 개념 없이 무기 체계 위주로 기술되어 있었기 때문이다. 이 부분에 대해서는 필자가 제2부에 자세히 서술했기에 참조하기 바란다.

미국의 맥스웰 테일러Maxwell D. Taylor 장군은 군사전략의 3대 요소로 목표End, 방법Ways, 수단Means을 들고 있으며, 현재 미국을 비롯한 대부분의 국가와 우리나라도 이 개념을 적용하고 있다. 즉 군사전략이란 전략적 목표를 달성하기 위해 어떻게 싸울 것인가에 대한 개념을 도출하여 이 개념에 맞게 어떠한 수단을 어떻게 운용할까에 대한 고민과 답이라는 것이다. 물론 최근에는 급격한 과학 기술의 발달로 최신 과학 기술 수단이 먼저 선도하고, 이에 맞는 싸우는 방법을 강구하기도 하고 이 둘(수단과 방법)을 동시에 발전하기도 한다. 문제는 지금까지 우리 육군이 수단(무기 체계)에만 의존했을 뿐 싸우는 방법에 대한 고민은 적었다는 점이다. 미래전에 있어 가장 중요한 것이 전력화 소요 도출이다. 그런데 이런 전력화 소요 도출은 먼저 '어떻게 싸울 것인가?'라는 싸우는 방법Ways에 대한 개념이 도출된 후에 이를 토대로 무기 체계, 편성, 교육 훈련 등이 이루어지는 것이 순리이다. 그런데 우리는 싸우는 방법에 대한 고민 없이 무기 체계 위주로 전략을 발전시켜 왔다. 왜냐하면 미군이 함께 싸워 주며 미군이 가장 좋은 교리와 무기 체계를 갖고 있기 때문에 미군이 가는 방향을 따라서 전략을 발전시키면 된다는 사고가 지배적이었기 때문이다. 하지만 미군과 우리는 많은 면에서 다르다. 그리고 궁극적으로 미군은 한국군이 아니다. 우리를 대신할 수 없는 것이다. 극단적으로 말하면, 우리 방식의 싸우는 방법에 대한 깊은 고민과 성찰 없이 미군이 하는 식으로 무기 체계를 현대화하고, 부대 구조와 편성을 변경하고, 장병들을 교육시키고 있는 것이다. 특히 최근에는 급격한 과학 기술의 발전에 따라 최신 과학 기술에 대한 맹목적 추종을 하는 것 같아서 더 우려스럽다. 과학 기술에 너무 의존해서는 안 된다.[48] 최신 과학 기술을 추구하되, 과학기술 우선주의에 빠져서는 절대

---

48 과학 기술에 의한 무기 체계에만 의존해 이를 어떻게 활용할 것인가에 대한 고민의 부족으로 전투에서 패배한 대표적인 사례를 두 가지만 들겠다. 첫째, 2차 대전에서 프랑스와 독일의 전차 운용 개념 차이이다. 2차 대전 개전 시점에서 프랑스군이 보유한 전차는 3,254대에 달했다. 2,439대를 보유한 독일보다 30%나 더 많았다. 그렇다고 프랑스의 전차가 독일의 전차보다 성능이 나쁜 것도 아니었다. 당시 프랑스가 보유한 '샤를 B1 중전차'는 중량 32톤, 75밀리 전차포를 탑재하였으며, 장갑은 60밀리에 달해서 독일이 보유한 모든 전차를 압도했다. 하지만 프랑스군의 전차는 무전기가 없어서 통신이 제한되었고, 연료 보충에 많은 시간이 소요되었다. 이것은 양 국가 과학 기술의 문제가 아니라 '전차를 어떻게 운용할 것인가?'라는 운용 개념의 차이에서 비롯된 것이다. 당시 프랑스는 전차를 단순히 보병을 지원하는 이동식 포대 정도로만 생각했고, 이를 집중적으로 운용하여 기동전을 펼칠 생각을 하지 않았다. 따라서 전차부대는 보병사단의 예하 부대에 뿔뿔이 흩어져 편성되어 있었다. 반면 독일은 처음부터 전차를 기동부대의 주력으로 생각했고 이를 위해 대규모 기갑부대를 별도로 편성했다. 또한 기동력 있는 공격을 위해서는 전차 상호간에 의사소통이 중요함을 인지하고 전차에 통신 수단을 장착하였다. 이는 과학 기술의 문제가 아니라 싸우는 개념의 문제이다. 결국 싸우는 개념이 무기 체계를 선도하고 이것이 전쟁을 승리로 이끄는 것이다. 두 번째로 독일과 소련의 전투에서도 마찬가지이다. 1941년 독일이 소련을 침공할 당시에도 병력과 장비는 소련이 우세했다. 독일군이 3,500대의 전차를 보유한 반면, 소련군은 2만 5,000대를 보유하고 있었다. 물론 소련의 신형 전차는 독일 전차보다 우세했다. 그런데 왜 소련은 추풍낙엽처럼 패배했을까? 그것은 스탈린이 소련의 우수한 고위 장성을 비롯한 장교들을 대거 숙청해서 전차를 운용할 전문가가 없었기 때문이다. 스탈린은 자신의 정치적 목적 달성을 위해서 소련 기계화 교리의 창시자인 미하일 투하체프스키Михаи́л Никола́евич Тухаче́вский 원수를 숙청하는 등 많은 전투 전문가 장군과 장교들을 숙청했다.

안 된다는 말이다. 이와 관련하여 로렌스 프리드먼Lawrence Freedman은 자신의 저서 『전쟁의 미래The Future of War』에서 새로운 기술이 가져오는 새로운 위협을 이렇게 말하고 있다.

> 흥미로운 신기술을 적용한 실제 시스템으로의 전환은 흔히 생각하는 것만큼 인상적인 기록을 남기지 못했다. 자금 조달과 관료주의적이고 공학적인 문제가 종종 심한 지연을 유발했기 때문이다. (중략) 로봇 군대라는 발상은 확실히 매력적이었지만 적군과 현지 주민이 뒤섞이거나 적군들이 자신들을 추적하는 시스템 감지기에 혼란을 줄 방법을 알아내면 대반군 전쟁으로 고투해야 했다. 본질적으로 정치적인 문제에 기술적 해법이 있다고 믿고 싶은 유혹은 늘 있지만, 그것은 효과면에서 차선책으로 판명되는 경우가 많았다. (중략) 언론은 온갖 장치를 내놓아 병사들이 유리 마천루를 올라갈 수 있도록 돕지만, 미군은 흙집으로 가득한 나라에서 싸운다.

위 책에서 허버트 레이먼드 맥매스터Herbert Raymond McMaster는 미래의 분쟁은 모든 역사적 경험과 근본적으로 다를 것이라는 확신에 따라 '뱀파이어의 오류'를 지적하였다. 뱀파이어의 오류란 현혹되기 쉬운 이름의 신개념들이 미래의 전쟁에서 비용이 적게 드는 신속하고 효율적인 승리를 약속했고, 그에 따라 '먼저 보고, 먼저 결정하여 먼저 행동하면 승리한다'는 생각으로 전쟁을 준비했지만 현실은 그렇지 않다는 것이다. 즉 뱀파이어는 죽지 않는다는 것이다. 이것은 과학 기술이 아무리 발전하더라도 전쟁의 정치적, 인간적 차원과 전쟁의 불확실성을 인식하지 못하는 오류를 범했음을 지적한 것이었다.[49]

현대전에서 과학 기술이 무엇보다 중요한 것은 사실이다. 그러나 기술은 '그네 효과'에 의해 상대 국가도 빠르게 확보할 수 있다. 북한은 몰라도, 중국이나 일본, 러시아는 우리와 동등하거나 더 앞설 것이다. 기술 우선주의로 그들을 앞서기는 힘들다. 만약 북한이 중국이나 러시아의 지원을 받는다면 북한에 대한 우리의 기술적 우위 또한 장담하기 어렵다. 우리만의 한반도 상황에 맞는 싸우는 방법에 대한 개념을 정립하는 것이 우선이다. 이것은 테일러의 군사전략 개념을 놓고 볼 때 지극히 상식적인 이야기이다. 그런데 우리는 개념 정립 없이 수단만 먼저 발전시켜 왔다. 전력화는 오래전부터 추진하여 상당히 진척되었는데, 지금에 와서야 전략서를 만들고 있는 것이다. 물론 이제라도 만든다는 것에 큰 박수를 보내고 싶다. 그러나 이런 상황에 이르게 된 것은 무엇을 의미하는가? 우리가 왜 싸우는지, 누구와 싸우는지, 어떻게 싸워야 하는지 등 근본에 대한 고민이 부족했다는 의미이다. 그러니 주객이 전도되고 앞뒤가 바뀌는 현상이 생기는 것이다. 이 또한 쉬운 것만, 눈에 보이는 것만 먼저 골라서 추진하려는 포퓰리즘적 성향의 결과이다.

9. 분기별로 바뀌는 위원장

육군본부에서는 분기별로 '정원운영평가회'를 실시한다. 각 신분별

49 로렌스 프리드먼, 《전쟁의 미래》, 비즈니스북스, p.427

로 적정 정원定員이 편제와 부수 병력으로 잘 반영이 되었는지, 반영된 편제대로 적절하게 인력이 운영되었는지를 평가하는 회의체이다. 이는 인력 운영의 기준에 해당하는 정원과 편제를 담당하는 정보작전참모부, 그리고 이를 토대로 적정 인력을 양성하기 위해 인력 판단을 하고 인사 관리를 위한 제도를 담당하는 인사참모부, 구성원 보직과 인사 관련 상담을 담당하는 인사사령부가 함께 참여한다. '사람' 관리와 관련하여 가장 중요한 회의체라 할 수 있다. 따라서 이 회의체는 정보작전참모부, 인사참모부, 인사사령부를 통제하고 아우를 수 있는 참모차장이 주관함이 바람직하다. 동일한 사안에 대해서 각 참모부의 입장에 따라 서로 의견이 다를 수 있고 갈등 요소가 존재하기 때문이다. 그런데 육군본부에서는 언제부터인가 이 회의의 주관자를 분기별로 돌아가면서 배정하고 있다. 1분기는 참모차장이 주관하고 나머지 분기는 정보작전참모부장, 인사참모부장, 인사사령관이 돌아가면서 주관한다. 따라서 회의의 주관자가 누구냐에 따라 보는 시각이 달라질 수밖에 없고, 이 회의를 준비하는 실무자나 과장은 주관자의 의중에 맞게 회의를 준비한다. 주관자가 매번 바뀌게 되니 당연히 회의의 지향성과 일관성도 없게 된다. 더불어 주관자는 자기 분야 외에는 깊이 있게 들여다볼 수 없기 때문에 다른 분야에 대한 심도 있는 언급을 할 수도 없다. 생각해 보자. 정보작전참모부장이 주관하는 자리인데, 같은 참모부장으로 있는 인사참모부장이 정보작전참모부장의 의견에 반대하거나 서로에게 예민한 사항을 언급할 수 있겠는가? 인사참모부장이 회의를 주관해도 마찬가지이다. 회의의 목적은 현상을 분석하고 문제점을 찾아내어 대안을 마련하는 데 있다. 그런데 이런 식의 회의 방식에서 상대방의 문제점을 적나라하게 언급할 수 있겠는가? 그냥 좋으면 좋은 식으로 서로 인사 나누고 예민한 문제는 언급을 하지 않는 것이 분위기를 위해서 좋다. 물론 회의를 진행하는 데 있어 분위기는 중요하기는 하지만, 그렇다고 이 중요한 회의를 좋은 분위기로만 끝내서야 되겠는가?

거대 육군을 운용하는 데 있어 정원, 편제, 운영은 대단히 중요한 요소이다. 이는 국민들이 부담하는 세금과도 직결된다. 과거 육군은 이 문제와 관련하여 업무 착오로 인건비 증액 사항을 적시에 반영하지 못했고 심지어는 예산을 삭감당하여 일반 간부들의 시간 외 근무 수당을 반납하는 등의 곤욕을 치르곤 하였다. 이 업무는 일반적 업무와 달리 고도의 전문성과 경험을 필요로 하며, 현재 잘못된 사항이 바로 표출되지도 않는다. 적어도 한해 또는 2~3년이 지나서야 그 결과가 나오고, 결과가 나온 다음에는 뾰족한 대책도 없다. 정원, 편제, 인력 담당 장교가 전문 용어를 섞어가면서 자신이 잘못한 부분을 두루뭉술하게 보고하고 넘어가면 보고를 받는 사람이 문제점을 찾아내기도 쉽지 않다. 또한 그런 자리에서 다른 부서의 잘못을 지적하기도 분위기상 쉽지 않다. 업무에 대한 전문성과 경험, 군 생활 경륜, 부서 장악력 등이 있는 주관자가 일관성 있는 방향으로 회의를 주관해야 하며, 도출된 문제점은 통상 육군 내에서 조치할 수 없고, 국방부, 기획재정부와 협의를 해야 하는 사항이기에 참모차장이 직접 따지고 챙겨야 한다. 문제의 근원을 따지지 않고, 불편한 진실을 애써 외면하면서 상호간에 좋은 평판을 유지하려는 이런 성향 또한 대표적인 포퓰리즘적 성향이라 하겠다.

10. 모호한 언어 사용

인류학자 에드워드 홀Edward Hall은 상호 이질적인 문화간의 커뮤니케이션 연구를 통해 맥락의 높고 낮음을 기준으로 명시된 언어적 소통보다는 암묵적인 의사소통과 비언어적 신호에 많이 의존하는 사회를 "고맥락 사회"라 했고, 언어, 문자 등 비교적 명확한 의사소통에 더 의존하는 사회를 "저맥락 사회"라 하면서, 한국을 비롯한 동아시아, 중동, 아프리카, 라틴 아메리카 등을 "고맥락 국가"로, 미국, 서유럽, 호주 등을 "저맥락 국가"로 분류하였다. 즉 한국에서는 직접적인 언어 또는 문자에 의한 의사 표현만큼이나 표정, 몸짓, 분위기 등 비언어적 표현이 대단히 중요한 부분을 차지한다는 것이다. 오죽했으면 『눈치: 한국인의 비밀무기The Power of Nunchi』[50]라는 책에서 저자는 자신감과 소신 없이 남의 시선을 고려하며 행동할 때 "눈치나 슬슬 본다"라고 표현하는데, 오히려 한국인의 이 '눈치' 능력이 오늘날 한국이 반세기 만에 선진국으로 도약한 강력한 원동력이자, 자기가 처한 상황에 대한 최적의 물리적·감정적 상황판단을 할 수 있는 감성 지능이라고 극찬했을 정도이다. 어쨌든 한국인의 남다른 상황판단 능력은 타고난 재능일지도 모른다.

그러나 눈치가 이런 긍정적 측면이 있기는 하지만, 군 조직에서는 부정적 측면이 더 많다. 육군에 복무하는 간부들, 특히 장교들 사이에 자

---

50 미국에서 유년 시절을 보내고 한국에서 청소년기를 보낸 작가 유니홍Euny Hong의 작품으로 미국에서 2019년 11월에 출간되어 15개 언어로 번역되었다. 최근 한국에 살거나 여행을 위한 사람들(주로 외국인)의 필독서로 알려지고 있다.

신의 의견을 명확히 표현하지 않고 두루뭉술하게 표현하는 것이 마치 미덕인 양 비추어지곤 하는데, 필자는 그 이유가 군에 국정감사가 도입된 이후부터라고 생각한다. 사실 국정감사 때에는 똑같은 사실에 대해서도 여당 의원의 생각과 야당 의원의 생각이 다를 뿐만 아니라, 질의를 하는 의원들은 답변자로 하여금 무엇인가 자극 있는 언급을 하도록 유도함으로써 언론의 조명을 받고 싶어 한다. 그래서 이러한 국회의원들의 의도에 끌려가지 않으려고 일부러 동문서답식 답변을 하거나, 여당과 야당 의원 모두에게 흠을 잡히지 않으려고 유체이탈 화법까지 써가며 무책임한 답변 태도 등을 보이는 경우가 많다. 충분히 이해가 가는 측면도 있다. 그러나 그것이 결코 올바른 태도라고는 생각하지 않는다. 여당 또는 야당 의원에게 싫은 소리를 들을지라도 자신의 입장을 분명히 밝혀야 한다. 여당 또는 야당 의원에게 답변하는 것도 중요하겠지만 그 답변은 모든 대한민국 국민과 군인들이 보고 있다는 것을 명심해야 한다. 그러나 문제는 단순히 국정감사에서 답변할 때만 이런 현상이 발생하는 것이 아니라, 많은 군인들이 이런 태도를 마치 본받아야 하는 자질인 양 모방하려고 한다. 이러다 보니 군 내부적으로 업무를 지시할 때도 특히 고위직으로 올라갈수록 많은 미사여구와 현학적 표현을 섞어 언어를 구사하다가 결국에는 무엇을 말했는지, 궁극적으로 이것을 하라는 것인지 말라는 것인지, 나보고 하라는 것인지 상대방에게 하라는 것인지 알 수 없는 경우가 종종 있다. 내용은 "너희가 알아서 하라"는 것인데, 형식은 "나는 너희에게 이런저런 다양한 방안에 대해 분명히 지시했다."는 것이어서 결론적으로 나는 지시를 했기 때문에 업무를 방치하지 않았고, 행동의 선택은 너희들이 했으니 책임은 너희들에게 있다는 것으로밖에 들리지 않게 된다. 개인적으로 나는 이런 사람이 군인으로서는 가장 부적합한 유형이라 생각한다. 군인의 언어는 그 표현과 의미가 명확해야 한다.[51] 그래야 부하들이 상급자의 의도와 지시를 명확히 이해하고 건전한 건의 또는 즉각적인 이행을 할 수 있기 때문이다. 유사시 의사소통의 제한은 전투의 승리를 저해하고 수많은 장병의 목숨을 위태롭게 할 수 있다. 제2차 세계대전 당시, 미군이 북아프리카 전선에 처음 도착해서 독일군과 일전을 벌인 '횃불 작전'에서 로이드 프레덴덜Lloyd Fredendall 중장은 아군이 절체절명의 위기에 빠진 상황에서 예하 전투단장인 폴 로비넷Paul McDonald Robinett 준장에게 다음과 같은 명령을 내렸다.

> 멍렁 히달, 땅개 소년들, 장난감 총, 베이커의 팀과 베이커의 팀을 제외한 나머지 팀은 현재 귀관의 위치에서 북쪽에 있는 M으로 갈 것. 가능한 한 당장. 귀관의 상관은 M에서 왼쪽으로 다섯 번째 사각형 격자판에 있는 D로 시작하는 장소에서 J로 시작하는 이름의 프랑스 신사에게 보고할 것.

---

51 그렇다고 해서 군인들이 사용하는 언어가 단순 무식해야 한다는 것은 아니다. 프랑크푸르트 학파의 대표적 학자인 헤르베르트 마르쿠제Herbert Marcuse(1898~1979)는 그의 저서 『일차원적 인간』에서 일차원적인 인간은 철학적이며 형이상학적인 언어와 문법을 사용하지 못하고, 가볍고 감각적이며 가시적으로 형상화하기 쉬운 이미지 언어를 선호한다고 했는데, 군인들이 일차원적인 언어만을 사용해야 한다고 오해할 수 있을 것 같아 덧붙인다. 삶과 죽음을 넘나드는 군인들이야말로 철학적이며 형이상학적인 문제를 깊이 고민해야 한다.

당시 이 명령을 수령한 로비넷 준장은 일분일초가 급박한 상황에서 뜻 모를 소리를 늘어놓는 프레덴덜의 메시지를 해석하는 일이 독일군에 맞서 싸우는 것만큼이나 시간을 잡아먹었다고 회고했다. 평소 독선적인 성격에 늘 엘리트 의식에 젖어 있던 프레덴덜은 당시 미 육군의 표준 명령 규약을 무시하고 자신이 만든 기묘한 은어로 명령을 내렸다. 보병대는 '워킹보이walking boy', 포병대는 '팝건popgun'이라고 불렀고 인명과 지명에 대해서는 '~로 시작하는' 같은 식으로 제멋대로 명령했다. 결국 예하 전투단은 프레덴덜의 명령을 해석하는 데 쓸데없는 시간을 낭비했고 출동이 늦어져 결국 독일군에게 괴멸당했다.

인간의 삶은 선택의 연속이라고 했다. 크고 작은 조직을 운영하기 위해서는 수많은 선택을 해야 한다. 매 순간 제일 나은 선택을 해야겠지만, 많은 불확실성과 마찰 요소, 그리고 부정확한 정보로 인해 차선의 선택을 해야 할 경우도 많다. 특히 위기가 닥쳤을 경우에는 선택의 방안도 중요하지만, 선택의 타이밍이 더 중요하다. 우유부단은 최악의 선택보다 더 위험할 수 있다는 것을 증명하는 전사戰史는 너무도 많다. 주지하는 바와 같이 전투의 3요소는 '시간', '공간', '전투력'이다. 그리고 그중에서 가장 중요한 것이 '시간'이다. 시간이 공간이나 전투력보다 더 중요한 이유는 되돌릴 수가 없기 때문이다. 빼앗긴 영토는 되찾을 수 있고 부족한 전투력도 보충할 수 있으나 한번 지나간 시간은 되돌릴 수가 없다. 그래서 시간을 벌기 위해 공간을 양보했던가 전투력의 손실을 감내했던 전사는 무수히 많다. 어떤 상황에서나 정보는 제한적이고 불확실하다. 특히나 전시 상황에서는 자욱한 안개와 마찰 요소가 너무나 많다. 중요한 것은 부족한 정보와 불확실한 상황 속에서도 적시에 과감하게 결심(선택)하고 그 결과를 책임지는 자세이다. 이것이 군인의 자세이다. 자신의 입지를 위해 유불리를 따져서 지지 세력의 평판을 고려한다든지 반대표를 만들지 않기 위해 시간을 질질 끄는 행동은 인기를 관리해야 하는 정치가의 태도이지 군인의 태도는 아니다. 모호한 언어의 사용은 책임을 회피하고 적을 만들지 않기 위해 포퓰리스트들이 취하는 대표적인 행동이다.

그렇다면 국민의 인지도나 인기를 기반으로 선거를 통해 선출되는 직위는 단 한 직위도 없는 군에 왜 이렇듯 포퓰리즘적 제도와 행태가 난무하는 것일까? 지금부터는 그 부분에 대해서 구체적으로 살펴보도록 하겠다.

Ⅲ

군에 포퓰리즘이 확산하는 이유

1. 군의 정치화

군은 군다워야 하고, 군인은 군인다워야 한다. 그런데 최근 군이 많은 부분에서 정치화되었고 군인도 정치인화된 느낌이다. 물론 정치의 영역과 군의 영역을 명확히 구분하는 것이 현실적으로 어렵고, 때에 따라서는 구분할 수 없는 경우도 있을 것이다. 클라우제비츠Clausewitz가 "전쟁이란 다른 수단에 의한 정치의 연속"이라고 표현한 것이나, "전쟁이란 외교문서를 작성하는 대신에 전투로 하는 정치다."라고 표현한 것이 대표적인 예일 것이다. 그럼에도 불구하고 군은 군다워야 하고 군인은 군인다워야 한다. 먼저 군이 군다워야 한다는 것은 군 조직이 군 본연의 역할에 충실해야 한다는 의미이다. 나는 군 본연의 역할이 국가와 국민에 대한 충성을 바탕으로 국토를 방위하는 것이라고 생각한다. 그런데 군이 국가와 국민에 충성을 다하는 것이 아니라 특정 정당 또는 특정 세력에 충성을 다하거나 그들의 눈치를 보게 되면 '군軍'다움을 잃어버리는 것이다. 문민통제하의 민주주의 국가에서 집권 여당의 정치적 이념이 녹아 있는 상급 부서의 정책에 대하여 항명抗命을 해서는 안 되겠지만 정당한 반대 의사는 표출할 수 있어야 한다는 의미이다. 그러나 언제부터인가 우리 군이 정당한 반대조차 하지 못하는 조직으로 변했다. 최종적인 결정은 집권 여당과 통수권자의 몫이겠지만 할 말은 해야 한다. 대부분의 안보 사안은 정치적 관점과 군사적 관점이 일치하겠지만, 특정 사안은 일치하지 않을 수도 있다. 이 경우 군은 군사적 관점에서 분명히 군의 입장과 의견을 말할 수 있어야 한다. 통수권자와 의견이 달라서 최종적으로 다른 결정이 내려진다고 해도 마찬가지이다. 이것이 특정 정당 또는 특정 집단을 위해서 충성하는 것이 아니라, 국가와 국민을 위하는 길이다. 군이 올바른 판단을 하고 올바른 의견을 제시하였는지는 역사가 판단하고 후손들이 기억할 것이다. 그리고 그 판단의 기준으로 삼아야 할 것은 국가와 국민을 위한 판단인지의 여부와 역사에 어떻게 기록될 것인가에 달려 있다. 정치란 특정 정당이 정권의 획득과 유지를 목적으로 하는 행위이므로 상황에 따라 방향성의 변동이 크고, 특히 현실 정치에 있어서는 특정 세력이 정권 획득 또는 정권 연장을 위해 국익에 반하는 정책을 추진하기도 한다. 이럴 때는 과감하게 군 본연의 목소리를 낼 수 있어야 한다. 군 조직이 이런 목소리를 내기 위해서는 구성원 각자가 소신 있는 목소리를 낼 수 있어야 하고, 특히 고위직에 있는 사람들부터 솔선수범해야 한다. 현실적으로 낮은 직급에 있는 한두 사람의 목소리로는 그 효과가 미미할 뿐만 아니라 응집력 발휘에도 한계가 있기 때문이다. 고위직에 있는 사람일수록 그 행동이 많은 구성원에게 영향을 미치고 더 큰 파급 효과를 가질 것임은 자명하다. 그러나 이런 행동을 하기에는 많은 용기가 필요하다. 자신의 직을 걸어야 한다는 의미이다. 군사적 판단과 정치적 판단이 상반될 때, 군의 직업성을 바탕으로 군사적 가치에 따라 의견을 개진하고, 견해 차이가 커서 받아들여지지 않는다면 과감히 그 직을 내려놓아야 한다. 그것이 육군의 '핵심 가치' 중 가장 먼저 등장하는 '위국헌신'을 실천하는 길이다. 그런 군인다운 군인이 많아질 때 군 조직은 더욱 군다워질 것이다. 우리 군인들이 과연 진정으로 특정 정치 집단의 영향에 좌우되지 않고, 오직 국가와 국민만을 생각해 왔는지 자문해 봐야 한다.

그런데 군인이 '군인다움'을 잃게 되는 가장 큰 유혹이 정치적 유혹이다. 왜냐하면 인간의 성장 욕구를 가장 쉽게 자극하고 달성시켜 줄 수 있기 때문이다. 처음 군문에 들어서면서 진급에 대한 욕구가 없다고 말하는 사람은 거짓말을 하는 사람이다. 군인에게 있어 진급은 숭고한 것이고 진급이야말로 불비한 근무 여건과 혹독한 환경에서도 직무에 전념케 하는 가장 큰 원동력 중의 하나이기 때문이다. 현대 사회에서는 어떤 민간인도 신분상의 차등을 나타내는 표식을 외형적으로 표현하지 않는다. 그러나 군인은 복장과 모자 등에 가장 잘 알아볼 수 있게 자신의 계급을 공개적으로 나타내는 직업이다. 일반인은 그 계급장을 보면서 그 사람의 업무 역량과 전문성 등을 판단할 뿐만 아니라, 지금까지의 모진 세월을 이겨낸 고난 극복의 능력과 인격, 인간적 성숙함까지도 느끼게 된다. 진정으로 숭고한 것이 계급이고, 그만큼 상위직으로 진출하는 것도 대단히 어려운 것이며, 그만큼 존중받아야 하는 것도 계급이다. 그런데 그렇게 어려운 것이 특정 정치 세력과의 친분 또는 연줄로 인해 쉽게 획득되는 것을 목격할 때, 많은 군인들은 허탈감에 빠지게 된다. 더욱 심각한 것은 이런 현상을 목격한 다른 이들이 이제는 직접 정치권에 연줄을 대려고 찾아 나선다는 점이다. 이 단계가 되면 그는 이미 군인이 아니라 '정치군인'인 것이다. 국가와 국민은 안중에도 없고 오직 진급해서 한 계급 더 올라가는 것이 삶의 유일한 목표가 되어 버린 그에게 있어 정치권과의 연줄은 자신만이 가진 특별한 능력이고 그런 연줄을 못 가진 자는 능력이 없는 사람인 것이다. 군인으로서의 품성과 군사적 식견, 전문성보다는 다른 요인이 더 중요하게 작용하게 될 때 많은 후배 군인들은 정치적 유혹에 쉽게 빠져들게 된다.

앞서도 언급했듯이 정치가에게 필요한 것은 구성원의 지지와 인기이다. 조직의 궁극적 목적과 가치보다는 구성원들이 좋아하는 것을 추구함으로써 자신의 인기를 유지함이 우선으로 생각하는 사람들이 많다. 그런 사람은 문제의 근원을 파헤쳐 근본적 해결을 모색하기보다는 우선 당장 눈에 보이는 효과를 우선시한다. 최근 언론에 계속 보도되고 있는 부실 급식 문제도 그렇다. 대한민국의 건강한 청년들이 편안하고 익숙한 환경의 집을 떠나 전후방 각지에서, 생전 처음 접하는 환경에서 처음 접하는 사람들과 국방의 의무를 다하고 있다. 아무리 편하게 해주고, 좋은 시설을 제공해 준다고 해도 일단 집을 떠나면 불편을 느끼는 것이 인간이고 특히 요즘 세대이다. 그런데 그런 한창때의 장병들 급식비(1끼 2,930원)가 고등학생(1끼 3,625원)보다 적다는 것은 상식적으로 이해가 되지 않는다. 물론 이 금액은 인건비를 제외한 금액으로 고등학교 급식비와 단순 비교하기에는 무리가 있겠지만, 어쨌든 보통 국민의 입장에서 생각했을 때 부족하다고 느끼기에 충분하다. 정말 군에서 이런 사실을 구체적으로 밝히고 군 전투력 유지를 위해서 반드시 필요하다고 국회에 예산을 요청했는데도 받아들여지지 않은 것인지 의구심이 든다. 반면 장병들의 봉급은 급격하게 올라가고 있다. 〈표 13〉은 2021년부터 2025년까지의 병사 봉급 추이를 나타낸 것이다.[52] 보는 바와 같이 병 봉급은 2018년 405,700원에서 2020년 54,900원으로 33% 인상하였다. 2022년에는 676,000원으로 24%가 인상될 예정이고, 2025년에는 963,000원으로 30% 인상될 예정이다. 반면, 급식비 인상에 필요한 예산은 2,300억 원으로 봉급 인상에 비하면 대단히 미미한 수준이다.

주지하다시피 우리나라는 징병제 국가이다. 징병제 국가에서 장병들에게 국가에서 기본적으로 조치해 주어야 할 급식비 인상에는 이렇게 무관심하면서, 막대한 예산이 투입되는 봉급 인상에는 이렇게 관심

〈표 13〉 병사 월급 추이(2021년~2025년)

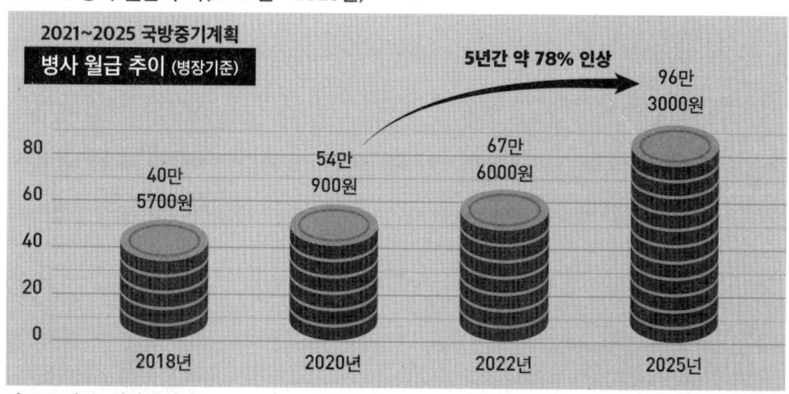

자료/국방부, 인사혁신처

52 이 표는 필자가 2021년도에 획득한 자료를 근거로 했다. 최근 자료에 의하면, 2024년 현재 이병 월급은 64만 원, 일병은 80만 원, 상병은 100만 원, 병장은 125만 원이다. 정부는 2025년에는 병장 월급을 205만 원(월급 150만 원+지원금 55만 원)으로 인상할 계획이다.

을 두는 이유가 무엇일까? 국민의 표를 의식해서 이런 정책을 추진한다는 것을 아는 사람은 다 알고 있을 것이다. 정치인이 국민의 표를 의식하는 것은 당연하다. 따라서 그 표를 얻기 위해서 정책을 입안하고 실천하는 것을 뭐라 할 수는 없다. 왜냐하면 그들은 정치인이기 때문이다. 하지만 군인은 다르다. 군인은 군에 정말 필요한 우선순위가 무엇인지를 분명히 말하고 그것을 위해 매진해야 한다. 나는 분명히 말하고 싶다. 징병제 국가에서 병 봉급 인상보다는 기본 급식비 인상이 우선이라고… 이런 현상은 비단 급식비 문제에만 국한되지 않는다. 장병들이 사용하는 시설, 장비 등에 있어서 국민 눈높이에 맞지 않는 부분을 개선해야 할 소요가 많다. 그러나 정치인들은 그런 부분을 개선하기 위해 예산을 투입하고 싶어 하지 않는다. 왜냐하면 금방 눈에 보이지 않고 밖으로 표출되지도 않아 국민의 관심을 끌 수 없기 때문이다. 그러나 언제부턴가 군인들마저도 그런 식으로 생각하게 되었다. 나는 이런 현상을 정상적인 문민 통제가 아닌, 군의 '정치 종속화'라 표현하고 싶다.

객관적 문민 통제를 주장했던 새뮤얼 헌팅턴Samuel P. Huntington은 그의 저서 『군인과 국가The Soldier and The State』에서 이렇게 말했다.

> 군 지휘관은 군사적 판단이 정치적 편의에 의하여 그릇되는 것을 허용해서는 안 된다. 군사적 영역은 정치의 영역에 종속하고 또한 그것은 독립되어 있다. 전쟁이 정치 목적에 봉사하는 것과 마찬가지로 군사 전문 직업은 국가 목적에 봉사한다. 군인은 정치가로부터 정책 지침을 받을 권리가 있다. 문민 통제는 정책 목적에 대한 하나의 독립된 전문 직업

이 이처럼 적절히 종속될 때에 가능하다.[53]

즉 헌팅턴은 군의 정치적 종속을 강조했지만, 동시에 군의 독립성도 강조했다. 나는 여기서 독립성의 의미를 '군이 군다움을 잃지 않음'으로 해석하고 싶다. 군이 군의 전문성을 살리고 자기의 고유한 목소리를 낼 때, 정치는 군을 존중하고 군은 정치에 종속된다는 의미이다. 그러나 위에서 필자가 말한 우리 군의 '정치 종속화'는 군이 군의 독립성을 잃고 정치인의 생각을 흉내 내는 현상을 의미한다. 내가 주인이라는 생각 없이 정치인이 주인이고 군은 정치에 종속되기 때문에 정치인의 지시에 따르기만 하면 된다는 생각을 부지불식간에 하고 있다 보니, 정치인의 의중을 미리 계산해서 정치인의 기분을 상하게 하거나 정치인이 좋아하지 않을 일은 아예 하지 않게 되는 것이다. 이것은 올바른 민군관계가 아니고, 올바른 문민 통제도 아니다. 그런 의미에서 헌팅턴의 다음과 같은 말은 깊은 울림을 준다.

어떤 장교가 전문직업적인지 아닌지는 그 충성이 어디까지나 군인의 이상에 맞는가에 의해서만 판단된다. 어느 날 정치적으로 흥미를 끄는 것도 다음날에는 잊히게 될 것이다. 어떤 사람에게 정치적으로 흥미가 있는 것도 다른 사람에게는 증오를 일으킬 것이다. 군대의 내부에서는 전문적 능력이라고 하는 이상ideal에서 본 군인으로서의 충성만이 불변

53 새뮤얼 헌팅턴 저, 허남성·김국현·이춘근 공역, 《군인과 국가》, 한국해양전략연구소, p.94

> 적이고 일관성을 가질 것이다. 그들이 군인으로서의 이념에 의하여 동기가 유발되었을 경우에만 군대는 국가에 충실한 봉사자가 될 것이며, 또 문민 통제도 보장될 것이다.[54]

군인은 선출직이 아닌 임명직이다. 따라서 대중의 눈치를 볼 필요가 없다. 그럼에도 불구하고 일반 군인 중에 대중의 성향이나 정치인의 눈치를 보는 이런 경향이 나타나고 있는 것은, 정치인들이 군 고위직을 임명할 때 이런 정치적 성향의 군인들을 임명하는 분위기와 무관하지 않다. 그러나 그것이 이 모든 문제의 전부일까? 그렇지 않을 것이다. 문민 통제를 기반으로 하는 자유민주주의 국가에서 정치인이 군인을 임명하는 것은 당연하다. 미국도, 영국도, 독일도 정치인이 군 고위직을 임명한다. 그러나 그들에게서는 군인이 정치인의 눈치를 보는 성향을 많이 찾아볼 수 없다. 자신을 임명한 정치인과 다른 견해를 피력하고, 그로 인해 자신의 견해를 지속시킬 수 없을 때는 그로 인한 책임을 지고 과감하게 현직에서 물러나는 군인을 종종 보게 된다. 우리에게 있어 헌팅턴 교수가 말한 군대 내부에서 전문적 능력이라고 하는 이상은 과연 무엇일까?

2. 군의 직업성 저하

직업주의를 뜻하는 영어의 'Profession'은 원래 라틴어의 '공적인 선

---

54 새뮤얼 헌팅턴 저, 허남성·김국현·이춘근 공역, 《군인과 국가》, 한국해양전략연구소, p.97

언'을 의미하는 'Professionem'에서 파생된 말로, 그 사전적 의미는 '어떤 분야의 학문에 대하여 공적으로 선언된 지식을 종사자의 임무를 처리하는 데나 그 지식에 기초한 다른 영역에 활용하는 것'을 말한다. 헌팅턴 교수는 군대의 직업주의를 1807년 8월 6일 샤른호르스트Scharnhorst의 군대 개혁으로부터 시작하였다고 말하면서 군 전문직업주의의 특성으로 전문기술성expertise, 책임성responsibility, 단체성corporateness을 들고 있다. 즉 직업 군인은 라스웰H. Lasswell이 말한 대로 폭력의 관리라는 기술을 가진 전문가로 존재해 오고 있으며, 안전의 확보라는 사회적 필수 기능을 담당함으로써 사회에 대한 봉사와 책임 의식을 가질 뿐만 아니라 조직화된 공동체 의식을 공유함으로써 보통 사람들과는 다른 직업의식을 가진 존재다. 따라서 전문 직업 군인은 보상이 좋은 곳을 찾아 옮겨 다니는 용병도 아니고, 끓어오르는 감정에 움직이는 잠정적인 시민군과도 차원이 다른 것이다.[55]

그러나 군 생활을 해 오면서 전문기술성, 책임성, 단체성이 점차 약화되고 있음을 느끼지 않을 수 없다. 하나하나 생각해 보겠다.

먼저, 전문기술성 측면이다. 라스웰이 말 한대로 군인은 폭력의 관리자이다. 따라서 폭력 관리에 있어 전문적 기술을 보유해야 한다. 오늘날의 폭력 관리라는 개념은 기존의 병력과 장비를 조직하여 훈련하고 이를 효율적으로 운용하기 위해 지휘 및 통제하는 등의 수준에서 전쟁 억제자 또는 평화 유지자 등으로 그 역할이 확대되어 고도의 전문성을

---

55 조영갑 저, 《민군관계와 국가안보》, 북코리아, p.157

유지하기가 훨씬 힘들어지고 있기는 하지만, 그 본질적 개념은 적과 싸워서 이길 수 있는 기술을 보유하는 것이다. 아무리 과학 기술이 발달하고 국제 정세, 사회 구조 등이 변하더라도 이 개념은 변함이 없다. 다시 말하면 무엇을 갖고 어떻게 싸워 이길 것인가에 대한 고도의 기술을 갖고 있어야 하는 것이다. 필자가 위관장교 시절에는 야전에서 많은 전술 토의와 현장 답사, 작전계획 시행 훈련 등이 있었다. 그러나 언제부터인가 "어떻게 싸울 것인가?How to fight?" 보다는 부대 관리와 사고 예방, 양성 평등, 반부패 청렴, 갑질 근절, 워라밸 등이 우리의 의식 깊은 곳에 스며들어 와 버렸다. 교범과 전략, 전술 관련 서적의 탐독보다는 컴퓨터, 조리, 특수차량 운전 등 자기 계발을 위한 자격증 취득과 골프 등 취미 생활을 위한 서적 탐독에 훨씬 많은 시간을 투자한다. 어떻게 싸울 것인가를 먼저 고민 후 무기를 개발하거나 구매하는 것이 아니라 미군이 쓰면 무조건 좋은 것이라고 무기 먼저 구매해 놓고 운영 방법을 고민한다. 군 생활 마지막까지 부대를 위해 고생한 사람보다는 사무실에서 출입문 닫아 놓고 시험공부 많이 한 사람이 비상계획관, 예비군 지휘관 시험에 더 잘 합격한다. 왜 우리 군 자신이 전문성을 인정받지 못하고 실습보다는 필기시험을 잘 보는 사람을 우대하는 시험 제도에 끌려가는 것일까? 국방부 차원에서 행안부, 기재부 등과 협의하여 비상기획관, 예비군 지휘관을 선발할 때는 필기시험 성적만으로 선발하는 것이 아니라, 성적은 일정 하한선만을 통과하게 하고 군에서 발휘한 직업성을 우선으로 반영하는 제도를 만들 수는 없는 것일까? 그렇게 되면 비상계획관 시험 본다고 사무실에서 문 닫아 놓고 공부하는 장교

보다는 전역하는 그 순간까지 최선을 다하는 장교들이 많이 나오고 그런 장교들이 존경을 받을 텐데… 그렇게 하지 못하는 것은 군이 사회적으로 전문성을 인정받지 못하기 때문이다. 군 생활 얼마 남지 않은 대상자에게 공부할 수 있게 시간을 주는 것이 배려가 아니다. 끝까지 군을 위해 충성을 다하는 사람이 취업을 잘 할수 있게 제도를 만들어 주는 것이 진정한 배려가 아닐까? 군의 전문성은 우리가 스스로 갈고 닦을 때 비로소 빛날 수 있을 것이다.

두 번째, 책임성이다. 군인은 국가와 사회에 대한 봉사와 희생의 책임을 진다. 만일 직업 군인이 자신의 전문 기술을 어떤 개인적 이익을 위하여 무분별하게 사용한다면 사회는 완전히 파괴될 수 있다. 따라서 군인이라는 직업은 국가에 의하여 완전히 통제되고 있고 이를 우리는 당연하다고 생각한다. 여기서 주목해야 할 점은 봉사와 희생의 대상이 특정 개인이나 단체가 아닌 국가와 사회라는 점이다. 직업 군인이 연마한 지식과 기술은 국가와 사회를 위해서 사용되어야 하기에 군대 조직 내에서 여러 가지 행동 준칙과 관습 그리고 전승되어 오는 군인 정신 및 군대 전통 등의 복잡한 규범에 의해 규제되고 있고 승인된 목적에 의해서만 그 기술을 사용하도록 통제받고 있다. 그런데 이를 착각하여 자신의 전문 기술 사용을 특정 지휘관 또는 특정 집권 세력에 대한 봉사와 희생으로 생각하고 행동하는 경향이 있다. 그리고 더 나아가서 그러한 책임에 과도한 경쟁심이 추가되어 삐뚤어진 충성을 바치고, 그러한 충성의 대가를 바라는 식으로 왜곡되는 경우도 있다.

군인이 국가와 사회에 대하여 책임을 다하는 것은 어떤 조건이 붙는 것이 아니라 군인의 존재 목적 그 자체인 것이다. 그러나 우리 주변에서는 그러한 순수한 의미에서의 책임보다는 특정한 상관에게만 책임을 다하고 나아가 과잉 충성을 통하여 궁극적으로는 자신의 출세를 염원하는 경우를 목격하게 된다. 지금까지 충성의 대상이었던 상관이 어떤 사건을 계기로 정상적인 성장 궤도에서 이탈하면 바로 안면몰수하고 새로 등장하는 실세의 상관에게 몰려들게 되는 경우까지 보게 된다. 이들에게 있어 책임의 대상은 국가와 사회가 아니라 특정 개인이고 특정 세력이 되어 버린 것이다. 그렇다면 이것이 조직폭력배나 사조직의 우두머리에게 바치는 책임 및 충성과 무엇이 다르겠는가?

또 다른 경우는 책임성이 심각하게 저하되는 현상이다. 주인 의식을 갖고 독자적으로 결정하여 책임을 질 생각은 하지 않고 무엇이든 상급부대에 문의하여 허락을 받고 추진하는 경우를 말한다. 직접 겪었던 한 가지 일화를 소개하겠다. 인사참모부와 인사사령부 합동 업무보고에서 모 장군께서 필자에게 지나가는 말로, "요즘 코로나19 관련 지침을 예하 부대로 하달하는데, 상당히 피곤하다. 그 이유는 육본 지침에 반응하는 예하 부대 지휘관들의 행동이 다 달라서 어느 수준에서 육본 지침을 하달할지 그 수준을 정하기가 어렵다."는 내용이었다. 즉 다시 말하면, 어떤 지휘관은 개략적인 지침을 내려도 스스로 알아서 처리하는 반면, 어떤 지휘관은 아주 세세한 지침까지 내려 주기를 원해서 어느 정도 수준까지 세부 지침을 만들어 주어야 할지 그 정도를 정하기가 어렵다는 것이었다. 필자는 그 말을 듣고 갑자기 흥분해서 "그런 지휘관은 당장 견장 내려놓아야지요! 그러면 전쟁이 발발하면 전투할 때마다 상급 부대에 쏠까요? 말까요? 물어보면서 전쟁할 겁니까?" 라고 말하였다. 육군이 '임무형 지휘'를 받아들인 지 꽤 오래되었다. 그런데 아직도 많은 지휘관이 아주 사소한 건까지 상급 부대에 문의하고 결정을 내리려 한다. 왜 그럴까? 자신의 행동에 대해 책임질 자신이 없기 때문이다. 자기 자신의 목소리를 내기보다는 남의 목소리를 듣는 것이 편하고 책임질 일이 없기 때문이다. 한 마디로 책임을 지지 않으려는 성향이 팽배하다. 그러나 이는 조직을 경직시키고 발전을 가로막는 대표적인 암적 존재이다. 후배들에게는 소신껏 자기 생각대로 행동할 수 있는 여건을 마련해 주어야 한다. 독단 활용의 결과는 성공할 수도 있지만 실패할 수도 있다. 그러나 실패하였다고 하더라도 그 의도와 과정이 합목적성을 기반으로 했다면 오히려 용기를 주고 격려해야 한다. 후배 장교는 그 한 번의 실패를 교훈 삼아 훗날 열 번의 실패를 성공으로 돌릴 것이기 때문이다.

마지막으로 단체성이다. 직업 군인은 단일화된 공동체 의식을 공유하며 군인들 자신이 민간인들과는 다른 집단이라 인식하고 있다. 그리고 이와 같은 집단의식은 군대 고유 기능의 수행을 위하여 필요한 교육 훈련과 규율 그리고 공통의 유대 속에서 관계된 업무 과정을 통하여 형성시켜 왔다.[56] 특히 육군은 국가방위의 중심 군으로서 그리고 실체

56 일반 병사들은 전문직업체의 일부라고는 할 수 없다. 왜냐하면 병사들은 폭력을 적용하는데 있어서 수단으로서 전문가이지 폭력관리의 전문가는 아닌 것이며, 이들이 맡은 직무는 단순한 기능직의 업무수행이지 천직으로서의 전문직업은 아니며, 병사들에게는 장교 및 부사관에서와 같은 지적 기술이나 직업적 책임감이 요구되지 않기 때문이다. 조영갑 저, 《민군관계와 국가안보》, 북코리아, p.160

적 영토 방위의 주체로서 역할을 수행해 왔으며, 최근에는 4차 산업혁명 시기를 맞이하여 도약적 변혁을 위한 '육군비전 2050'과 '육군비전 2030'을 작성하여 시행하면서 육군 핵심 가치를 개정하여 육군 전 구성원이 추구하여야 할 규범으로 활용하고 있다. 그러나 '이러한 가치와 비전이 개개인의 의식에 얼마나 침투하여 자기 것으로 만들었는가?'라는 것은 별개의 문제이다. 필자가 생각하기에는 90년대 초반에 비해 구성원들의 연대감이나 공동체 의식이 많이 약화되었다고 본다. 물론 이러한 현상은 군 조직의 문제만이 아닌 사회 전반의 문제이기도 하지만, 군은 일반적인 직업군의 연대성과는 다르게 특별히 끈끈한 연대감을 특징으로 하고 있다는 점에서 중대한 도전적 요인으로 대두되고 있다. 얼마 전부터 군의 급식 문제, 인권 문제 등의 불만 사항을 무분별하게 SNS에 올리고 있는데, 군내 불만 사항을 폭로함에 있어 그 결과의 파급력이 사회적으로 크다고 하여 용인되지 않은 방법을 사용하는 것을 무기력하게 바라만 보고 있어야 하는 군의 모습에 큰 자괴감을 느끼게 된다. 하지 말도록 지시된 사항을 어기면서 돌출 행동을 하는 병사들을 처벌하지 못하는 무기력은 당장의 무기력함을 넘어 군 본연의 가치인 상명하복과 군 기강의 문제로 이어지게 된다. 사람으로 치면 뼈와 핏줄이 약해지고 나무로 치면 뿌리와 줄기가 약해지게 되는 것이다. 그리고 더 나아가서 공동체 의식의 저하와 자기 집단에 대한 자부심 저하로 이어져 우수한 인재의 획득이 제한되고 조직의 활력이 저하되어 궁극적으로는 군의 존재 목적을 크게 훼손할 수 있다. 이 글을 쓰고 있는 오늘(2021년 5월 28일) 조선일보 사회면에는 이런 기사가 올라와 있다.

> 육군훈련소 조교 병사들이 최근 '훈련병 인권'을 중시하라는 군 지휘부 방침에 대해 '인권을 최우선으로 하다 보니 훈련병들이 말을 안 듣는다'며 '열악한 환경에서 일하는 조교들의 입장도 이해해 달라'고 호소하고 있다. 조교 A씨는 '훈련병들이 이제는 일과 시간에 조교가 생활관에 들어오든 말든 누워 있는다'며 '조교가 있어도 소리를 빽 질러 대며 욕설을 일삼는 훈련병이 태반이다'라고 했다. (중략) 일부 훈련병이 '이러면 신고하겠다'는 식으로 대응하는 데 대해 조교들이 자괴감을 느끼고 있다고 한다. '훈련 기간 동고동락하던 조교와 훈련병들이 수료식 때 헤어지며 눈물을 쏟던 광경도 이제 옛날 일'이라며 '이런 식의 인권 훈련을 받은 병사들이 야전으로 가면 군 문화 전체가 바뀔 수도 있다'고 했다.

이 기사가 만일 사실이라면 육군은 정말 심각한 상황에 직면해 있는 것이다. 군의 정체성, 군대 윤리, 가치관 등 근본적인 사항부터 다시 챙겨야 한다. 모든 것을 다 얻으려고 하다가는 한 가지도 얻지 못할 수도 있다. 구성원 모두가 좋아한다고 해서 그 길을 가서는 안 된다. 군인은 군인의 길을 가야만 한다.

지금까지는 헌팅턴 교수가 말하는 군의 전문직업성과 관련된 사항에 대하여 언급하였고, 지금부터는 우리가 일반적으로 알고 있는 직업성, 즉 생계 유지와 가치 실현을 위한 평생 직업으로서의 군이라는 직업적 특성이 저하되고 있음을 지적하고 싶다. 이는 '군'이라는 직업 자체의 특성 변화에 의한 것이기보다는 사회적, 문화적 변화에 의한 요인이 크다고 본다. 즉 급격한 경제 성장으로 소득이 높아지고 평균 수명이 대폭 증가함에 따라 정년 전역 이후에도 최소한 20년 이상은 경제 활동을 해야 하는 사회적 환경이 조성되어 누구든 전역 후에는 제2의 인생을 살아야만 하기 때문이다. 평균 수명이 70대 전후였을 때에는 50대 후반에 전역하여 약 10여 년간 노년의 삶을 살다가 생을 마쳤기 때문에 굳이 제2의 직업이 필요하지 않았다. 그러나 이제는 100세 시대이다. 80세가 되어도 젊음을 유지하는 사람이 많다. 따라서 최소한 70세까지는 경제 활동을 해야 한다. 그렇기 때문에 젊은이들은 제2의 인생을 위해 제1의 인생에 '올인'하지 않는다. 적당히 힘을 쏟고 여유를 즐기면서 힘을 비축하였다가 제2의 인생에 남은 여력을 쏟으려고 하는 사람들도 많다. 그래서 요즘 초급 간부들은 군 생활에 '올인'하지 않는다. 좋게 표현하면 무리하게 전력투구하지 않는다는 것이고, 나쁘게 표현하면 '헝그리 정신'과 끈기가 없다. 개인의 입장에서 볼 때 군 생활에 '올인'을 하든, 제2의 인생을 위해 적당히 즐기면서 하든, 이는 개인의 선택에 관한 문제이지만, 조직의 입장에서 볼 때는 성과에서 전자와 후자의 차이가 상당히 크다. 한번 시작을 했으면 끝을 보는 것이 선배님들과 우리 세대의 특징이었다면, 이제는 끝을 보겠다고 생각하기보다는 나에게 주어진 딱 그만큼만 한다. 결국 조직의 발전이 그만큼 늦어지고 있고, 지금 끝낼 수 있는 일도 내일, 모레로 이어지는 것이다.

수명 연장에 따른 생애 주기의 변화가 가져온 또 다른 문제는 나에게 주어진 직무보다는 나와 함께하는 인간관계를 더 소중히 여긴다는 점이다. 직무는 내가 하지 않아도 누군가는 할 것이고, '나'라는 인간은 현재 주어진 직무와는 궁합이 맞지 않아 비록 잘하지 못하고 있지만, 다른 직무는 잘할 수 있다고 인간관계로 포장하는 것이다. 또한 우리는 제2의 인생을 살아야 하기 때문에 누구와도 적을 만들고 싶어 하지 않는다. 지금은 나의 하급자이지만 20년 이상 살아야 할 제2의 인생에서 그 하급자와 또 어떻게 만나게 될지 모르는 일이기 때문이다. 틀린 말은 아니다. 하지만 대다수 사람이 이런 생각을 하는 사이에 우리 조직은 정체되고 심지어 퇴보한다. 많은 사람이 직무보다는 인간관계와 평판을 우선시한다. 직무를 우선하는 사람을 속이 좁고 인정머리 없는 사람이라고 생각하고, 인간관계를 중시하는 사람을 덕이 많고 호연지기가 있으며 멋진 사람이라고 생각한다. 그러나 나는 그렇게 생각하지 않는다. 공무원, 즉 국민의 세금으로 봉급을 받는 사람은 직무가 우선이다. 자기에게 주어진 직무가 우선이고 그 직무를 달성하기 위해 팀, 과, 처 등의 조직이 편성되고 그 구성원들과의 관계에서 인간관계가 형성되는 것이다. 그리고 그 인간관계는 현 직무를 달성하기 위함이 우선이지, 먼 훗날의 만남을 기대하기 위한 인간관계는 아니다. 현 직무를 달성하기 위해 인간관계를 충실히 하다 보면 상호간에 신뢰가 쌓이고 그 신뢰가 바탕이 되어 먼 훗날의 우정으로 발전되어 가는 것이다. 그래서 나는 그러한 인간관계를 '눈에 보이지 않는 어떤 것'으로 보며, 그러한 인간관계는 추구의 대상이라기보다는 직무 달성을 위해 현실에 충실할 때 저절로 따라오게 되는 부산물과 같은 것이라고 본다. 그것은 마치 '행복'이라는 것이 추구의 대상이라기보다는 현재의 삶에 충실할 때 자연스럽게 따라오게 되는 것과 마찬가지이다.

자신에게 주어진 직무보다 인간관계를 더 우선할 때, 그러한 집단이 정말 끈끈한 의리로 뭉쳐 '형님, 동생'하는 조폭 집단과 무엇이 다르겠는가? 군인은 국가의 녹을 먹는 공직자다. 더구나 극한의 상황 속에서도 적과 싸워 이겨야 하는 게 군인이다. 국가가 우리에게 준 직무에 충실할 때 올바른 인간관계는 저절로 따라올 것이다. 많은 사람의 인기에 영합하고 다른 사람의 평판에만 눈을 돌릴 때 진정한 인간관계는 오히려 우리의 곁에서 멀어질 것이다.

3. 공적 영역의 사적화私的化

중국의 고서『삼보결록三輔決錄』에 '음마투전飮馬投錢'이라는 고사성어가 전해진다. 직역하면 '말에게 물을 마시게 하고 돈을 던진다'라는 뜻으로, 옛날 선비들이 말에게 강물을 마시도록 한 뒤에, 강물이라도 거저 먹이는 것이 싫어서 그 값으로 강물에 동전을 던졌다는 이야기이다. 서양에는 비슷한 의미로 'There is no free lunch in economy'라는 말이 있고, 러시아에는 '공짜 치즈는 쥐덫에만 있다'라는 속담이 있다. 지역과 나라에 따라 그 표현은 다르지만, 공통으로 의미하는 바는 '세상에 공짜는 없다'라는 것이다. 필자는 이 말을 세상을 살아가는 주요 철칙으로 내면화했다. 즉 세상을 살면서 무엇인가를 거저 얻게 되거나 거저 되기를 바라는 것은 올바른 자세가 아니며 그에 걸맞은 노력을 해야 한다는 것, 그리고 혹시 내가 누군가로부터 도움을 받았다면 나도 그에 상응하는 도움을 줄 수 있어야 한다는 생각이 내면에 깊숙이 뿌리박혀 있다는 것이다. 이러한 생각은 자칫 나태해지기 쉬운 자신을 채찍질하고 상대방의 은혜를 잊지 않는 겸손함을 갖추게 하는 대단히 긍정적인 작용을 하고 있다. 그러나 인생의 생애 주기가 길어지면서 제2, 제3의 인생이 중요해지고, 사회가 투명해지면서 이런 생각이 부정적으로 작용하기도 한다. 대표적인 예가 진급과 보직이라는 공적公的 조직 활동을 개인의 사적私敵 활동의 공간으로 활용한다는 점이다.

과거 우리 선배님들께서는 누군가가 좋은 보직에 가게 되면 "보직은 짧고 군 생활은 길다"는 말씀을 종종 하시면서 좋은 보직에 있더라도 그 기간은 한정되어 있으니 그 권한을 너무 함부로 휘두르지 말라는 경고를 하곤 했다. 이 말은 당시 군의 좋은 보직을 찾아가는 실세들에게 긍정적 충고로 받아들여졌다. 그런데 이제는 상황이 많이 달라졌다. 지금은 누군가가 좋은 보직에 있으면서 많은 권한을 갖게 되더라도 이를 마음대로 행사할 수 없을 만큼 군 조직의 운영이 투명해졌다. 적어도 제3자의 눈에 띌 만큼 드러내고 누군가를 도와주기는 힘든 상황이 되었다. 그렇다면 군 조직은 정말로 대단히 투명해지고 깨끗해진 것이라고 볼 수 있는 것인가? 그렇다. 과거에 비해서는 엄청나게 투명하고 깨끗해졌다. 그러나 아직도 가야 할 길이 멀다. 이제는 "군 생활은 짧고 인생은 길"기 때문이다. 이 말은 무엇을 의미하는가? 군 생활을 하면서 누군가를 도와주고 현직에서 그 보답을 받기는 힘들지만 제2, 제3의 인생을 살아갈 때는 받을 수 있다는 말이다. 결국 그들끼리 밀어 주고 당겨주는 관계가 지속될 수 있다는 것이고, 이러한 관행이 진급과 보직의 수단으로 활용되고 있다. 진급과 보직은 분명 조직의 활성화를 위한 공적 행위의 산물이다. 그럼에도 불구하고 이를 사적 영역의 범주로 받아들여 자신의 영향력을 행사하려고 하는 선배들이 있다면 이는 후배들에게 정신적 부채負債를 증여하는 것이다.

인간이 살아가는 어떤 조직에서든 서로 마음이 맞는 사람들끼리 모여 일하고 도움을 주는 것을 나쁘다고 말할 수는 없다. 또한 부하를 진급시키고 보직을 주는 것은 지휘관에게 주어진 고유의 지휘권이기에 더더욱 그 결과를 보고 뭐라 말할 수는 없다. 그러나 적어도 이런 상황이 벌어지는 그 이면에는 상급자의 우월적 지위와 그 지위에 바탕을 둔 권위 의식을 당연시하는 문화가 전제되어 있다는 점을 지적하고 싶다. 즉 "내가 너를 보직시키고 진급시켰으니, 너는 군소리 말고 나에게 충성을 다해야 한다."라는 무의식적인 전제가 깔려 있다는 점이다. 그리고 이는 조직에 필요한 인재가 아닌, 나에게 충성하는 인재를 만들게 되는 결과를 낳게 된다. 여기서 중요한 단어는 '내가'와 '무조건'이다. 이 표현에는 가부장적이고 무제한 적인 의미가 담겨 있다. 선배들과 이야기하다 보면 언제 어떤 후배가 있었는데 자신이 특별히 발탁하여 어디에 썼고, 또는 언제 진급 심사위원으로 들어가서 누구를 진급시켰느니 하는 말을 종종 듣게 된다. 물론 전역 후에 과거의 추억을 되살리며 무용담을 늘어놓는 것에 불과한 일이기도 하다. 그러나 현재는 다 알고 있듯이 누군가가 진급심사위원 또는 위원장으로 들어갔다고 해서 특정 인원을 진급시킬 수 있는 구조가 아니다. 이미 많은 자료가 계량화, 객관화되어 있어서 기준에 미달되는 인원은 누구도 진급시킬 수 없는 시스템이 갖춰져 있다. 따라서 누군가가 진급을 했다는 것은 '내가' 진급시킨 것이 아니라 군이라는 공동체가 진급시킨 것이다. 그럼에도 불구하고 마치 내가 시킨 것처럼 우월적 권위를 자랑하면서 그 관계를 이용하여 전역 후까지도 부채를 갚으라고 무언의 미소를 짓는다.

두 번째 '무조건'과 관련된 대표적인 사례는 장군 인사와 관련하여 많이 나타난다. 영관 및 위관급 장교는 분기별 '인사심의'를 한다. 이는 적어도 2개 분기 앞서 보직 심의를 함으로써 인사 대상자들로 하여금 차후 보직에 필요한 개인적 역량을 갖출 수 있도록 준비 시간을 주기 위함이다. 그런데 장군 인사의 경우 2개 분기는커녕 2주 전에도 사전 인사를 하지 않는다. 심한 경우 1주 이내에 명령과 보직이 함께 정해지기도 한다. 내가 사단장이 될지 준장으로 군 생활을 마감해야 할지조차 모르는 상태로 근무하다 1주일 만에 소장으로 진급하면서 사단장으로 취임을 하고 있다. 왜 이래야만 하는 것일까? 장군들도 사전보직제를 시행하여 2개 분기 전에 보직 심의를 하면 안 되는 것일까? 장군 정원이 엄격하게 정해져 있어서 그렇게 할 수밖에 없다고 하는데 그것은 핑계일 뿐이다. 할 의지만 있으면 얼마든지 할 수 있다.

이 모든 것은 진급과 보직을 바로 연계해야만 한다고 하는 고정관념에 사로잡혀 있기 때문에 발생하는 현상이다. 예컨대, 소장으로 진급하면 바로 사단장이 되어야 하고 중장으로 진급하면 바로 군단장을 해야 한다는 논리가 그것이다. 소장으로 진급하더라도 준장 자리에서 자기 원래 보직을 충분히 마치고 천천히 사단장에 취임하면 되고, 중장으로 진급하더라도 소장 직위를 마치고 천천히 군단장에 취임하면 되는 것이다. 그리고 부족한 자리는 직무 대리자가 임무를 수행하면 된다. 왜 꼭 5월, 12월에 왕창 움직여야 한다는 말인가? 보직에 융통성을 부여하여 사전에 진급시켜 충분히 준비 기간을 가진 다음 취임을 해도 늦지 않다. 진급자들은 이렇게 준비 기간 없이 움직이는 현실이 불편하지만, 불만을 표현하지 못한다. 왜? 자신이 진급된 것 자체가 고마운 입장이기 때문이다. 바꿔 말하면 상급자의 우월적 입장에서 "내가 너를 진급시켜 주었으니 너는 군소리 말고 시키는 대로 가서 임무를 수행하라!"라는 의미로 볼 수밖에 없다. 즉 인재를 활용하는 것이 아니라 인재를 부려 먹는 것은 아닌지 생각해 보아야 한다. 과연 무엇을 위한 '인재 관리'란 말인가?

또 다른 문제는 정치권의 간섭이다. 그것은 공식적인 '인사 검증'이라는 절차를 통해 나타날 수도 있고, 비공식적인 관계를 통해 발생할 수도 있다. 만약 2개 분기 전에 진급심사를 완료해서 진급과 보직을 확정 짓지 못하는 것이 기득권을 가진 정치권의 간섭을 위한 여지를 위한 것이라면 이는 반드시 개선해야 한다. 2개 분기 전에 결정하여 확정해 놓으면 오히려 정치권의 간섭을 배제하고 군에서 필요한 인성과 품성, 그리고 전문성만을 고려한 심사를 할 수 있는 여건이 조성될 수 있을 것이다. 그래야 임명된 장군들이 충분한 시간을 갖고 다음 계급과 보직에 대한 준비를 할 수 있다. 그리고 장군들은 그런 요구를 당당히 할 수 있어야 한다. 왜? 진급이란 사적인 행위의 결과가 아니라 공적 행위의 결과이고, 따라서 조직을 위해 내가 준비할 시간이 필요하기 때문이다.

조직의 공적 활동 영역인 진급과 보직이 자기 영향력 확대를 위한 사적 활동의 영역으로 변해 갈수록 군 안에는 정치판에서 말하는 정당이나 계파와 같은 파벌이 생기는 효과가 나타난다. 이것이 군내에 포퓰리즘이 생기는 이유이기도 하다. 군대 내에서의 영향력은 계급과 직책,

그리고 인품과 전문성이면 충분하다. 군이 자신의 사람들(출신, 학연, 근무연 등)을 애써 만들 필요가 없다. 진급과 보직은 상급자가 하급자에게 일방적으로 주는 수혜적 특혜가 아니다. 즉 하급자가 감사하고 언젠가 내가 개인적으로 이를 갚아야 할 부채로 생각해야 할 사적 영역의 활동이 아니라는 의미이다. 상급자나 선배가 임무를 부여한 것이 아니라 군軍이 특정한 인원에게 특별한 임무를 부여한 것이고, 그 임무를 수행하는 데 필요한 권한을 준 공적 영역의 활동이다. 앞서 언급했듯이 세상에 공짜는 없다. 군이라는 조직이, 자격이 있다고 인정되는 특정인에게 진급과 보직의 영광을 주었다면 그에게는 부여된 임무와 책임이 있다. 따라서 그는 주어진 직책을 수행하는 동안 임무 수행 결과와 업무 성과를 통해서 자신의 책임을 다해야 한다. 그 이상도 그 이하도 아니다. 선진 사회일수록 고위직의 책임과 의무가 많고, 그 무게감이 무겁다. 반면 후진국일수록 고위직은 책임은 없고 권한만 강하다. 이제 우리 대한민국은 선진국이다. 진급을 원하는 사람도, 진급을 시키는 사람도 고위직에 오를수록 권한보다는 책임과 사명감의 막중함을 느껴야 한다.

4. 건전한 비판 세력의 부재

견제받지 않는 권력은 절대권력絶對權力이 될 수밖에 없고, 그렇게 구축된 절대 권력은 절대적으로 부패할 수밖에 없다는 것을 역사는 증명하고 있다. 현재 우리 군이 포퓰리즘에 물들게 된 이유 또한 그러한 이유와 무관치 않다. 군에 대한 건전한 내·외부적 비판 세력이 없다는 이야기다.

먼저 내부적 비판에 대해서 생각해 보자. 상명하복의 엄격한 규율을 강조하는 군에서 어떻게 내부 비판이 있을 수 있느냐고 생각할 수도 있겠지만, 그런 조직일수록 내부 비판을 수용해야 한다. 그리고 우리 국군은 그것을 수용할 만한 역량이 충분하다고 생각한다. 다만, 그것을 실천할 수 있는 분위기와 공간이 충분히 마련되어 있지 않았을 뿐이다. 이를 위해서는 자기 의사를 자유롭게 제시할 수 있는 토론과 논쟁의 장이 마련되어야 한다. 요즘 후배들과 대화하다 보면, 그들은 자신의 의견을 제시하는 데 전혀 주저하지 않는 것을 볼 수 있다. 다만, 그것이 사적인 자리에서만 그치는 경우가 많다. 아직도 공식적인 자리에서는 자신의 의견을 숨기고 머뭇거리는 간부들이 많다. 이것은 우리 기성세대가 그런 분위기를 만들어 주지 못한 책임이 크다. 보통의 사람들과 다른 의견을 제시하는 사람을 무안하게 하거나 눈치를 줘서는 안 된다. 물론, 요즘은 다른 의견을 제시하는 사람에게 칭찬과 격려를 해 주는 상급자들도 많이 눈에 띈다. 좋은 현상이라고 생각한다.

두 번째는 자신의 의견을 논리적으로 제시할 수 있고 이에 대해 생각을 달리하는 사람들이 반박할 수 있는 학술지나 저널이 전혀 없다는 것이 문제이다. 군 내부에 존재하는 간행물 대부분은 저자의 일방적인 주장에 그치는 경우가 많고, 그 주제 또한 토론할 수 있는 분야도 아니다. 그러나 가장 문제가 되는 것은 원고를 채택할 때 형식적 요소를 너무 많이 고려한다는 점이다. 그러다 보니 군내 간행물에 글을 싣는 일은 비교적 시간적 여유가 있고, 일반 대학을 통해 학문적 경험을 쌓은 간부들만 독차지하고 있다. 야전에 있는 사람은 좋은 생각이 있어도 이를 글로 옮길 엄두가 나지 않는다. 원고를 심사할 때, '가설은 세웠는가, 과학적 증명은 했는가, 조작적 정의는 어떤가, 각주 표시가 형식에 맞지 않는다' 등등의 이유를 들어 본질적 내용보다는 형식적 문제를 갖고 마치 그 형식에 조금이라도 어긋나면 학술적 의견을 제시하는 데 있어 기본적 자질이 없는 사람처럼 깎아내린다.[57] 바쁜 군 생활로 학문적 혜택을 입지 못한 야전 군인들이 접근할 수 없도록 자기들만의 밥통을 지키고 싶은 것이다. 그러니 획기적인 내용은 없고, 자신들의 학위 논문을 변형시킨 것, 미군 자료를 번역한 것, 또는 기껏해야 자기 업무 분야의 내용을 다룬 것이 대부분이다. 그러니 파괴적인 내용도, 도전적인 내용도 없을뿐더러 자신이 기술하는 내용에 논쟁을 허용하지도 않는 일방통행적 분위기가 조성될 수밖에 없다. 군내 학술지는 형식적 부분이 다소 미흡하다 할지라도 내용이 참신하고 도전적이라면 과감하게 실어 줄 수 있는 관용이 필요하다.

현역 시절에 계속 주장했던 문제인데, 왜 국방일보에는 비판적 기사를 실어 주지 않는 것인가? 국방부 기관지이기 때문인가? 기관지에는 비판 기사를 실을 수 없는 것인가? 국방일보는 자신들이 '군사 전문 미

---

57 서구 중심의 역사 서술에 반기를 들면서 비서구권에서의 주체적 역사 서술을 주장했던 미셸 푸코Michel Foucault에 의하면, '공식 담론'이 '재야 담론'을 종속시키는 비결은 그가 어떤 조건들을 만족시키기 못한다면 혹은 그가 처음부터 그런 자격을 갖추고 있는 것이 아니라면, 담론의 질서 속으로 들어가지 못할 것이라고 으름장을 놓는 문지기gate-keeper의 위력이 있다고 했는데, 그러한 문지기의 위력 중 대표적인 것이 공문서만을 대접하고 사문서는 무시하기, 서구의 대학에서 받은 박사 학위가 없는 사람들의 역사 서술은 야사野史로 평가절하하기, 일정한 서식만을 받아들이기 등의 방식이 있다.

디어'라고 말한다. 그러나 과연 그렇게 말할 자격이 있을까? 언론 또는 미디어에 있어 비판은 가장 기본적 역할이고 기능이다. 비판 없는 미디어는 단순한 홍보 수단(선전 매체)에 불과하다. 그러니 거의 모든 내용이 정부와 국방부를 위한 용비어천가 수준일 뿐이다. 그나마 볼 만한 것은 전쟁사, 무기 발달사, 무기 체계 소개 등 특정 분야에 대한 전문가의 기획 기사나 칼럼인데, 사실 이런 내용은 책으로 봐도 무방한 내용이다. 독자 투고란이 있기는 하나, 거의 자기 부대 자랑이나 자기 자랑 또는 소감인데, 이 중에 비판적인 내용은 거의 없다. 그렇다면 국방일보에 기사를 쓰고 있는 기자는 어떤 사람인가? 아래의 내용은 한국기자협회의 윤리 강령 중 일부 내용이다.

> 기자는 국민의 알 권리를 충족시키고, 진실을 말할 의무를 가진 언론의 최일선 핵심 존재로서 공정보도를 실천할 사명을 띠고 있으며, 이를 위해 국민으로부터 언론이 위임받은 편집·편성권을 공유할 권리를 갖는다. 기자는 자유로운 언론활동을 통해 나라의 민주화에 기여하고 국가 발전을 위해 국민들을 올바르게 계도할 책임과 함께, 평화통일·민족화합·민족의 동질성 회복에 기여해야 할 시대적 소명을 안고 있다. 이와 같이 막중한 책임과 사명을 갖고 있는 기자에게는 다른 어떤 직종의 종사자들보다도 투명한 직업윤리가 요구된다 …

국방일보 기자들에게 묻고 싶다. 과연 국방 관련 사안에 대해서 국민의 알 권리, 아니, 장병들의 알 권리를 얼마나 충족시키고 진실을 말하여 왔는가? 물론 국방일보가 국방부의 기관지이기에 분명히 한계는 있을 수 있고, 그 사정을 모르는 바는 아니다. 그러나 기자로서의 위 사명감에 더욱 부합하기를 소망해 본다. 아울러 어느 특정 사안(전술, 또는 전략, 무기 체계, 복지, 교육 훈련, 군수, 인사, 정보화 등)에 대해 야전에서 관심을 가지는 또는 그 분야의 전문가를 선별하여 그 사람의 의견을 실어 주고, 이 의견의 반대 또는 다른 의견을 제시함으로써 열띤 논쟁을 할 수 있는 코너를 만들어 줄 것을 건의한다. 그래서 "아! 어제 그 논쟁에 오늘은 누가 반대 의견을 제시했을까?"가 궁금해지는, 그래서 오늘보다 내일의 국방일보가 더 기다려지는 그런 국방일보가 되길 소망한다.

다음은 외부적 견제 세력이다. 통상적인 일반 국가 기관에 대한 견제 세력은 보통 언론, 시민 단체, 전문가 집단 등이 있다. 그러나 다행인지 불행인지 대한민국의 일반 국민은 군軍에 대해서는 대단히 우호적이다. 남북 분단이라는 특수한 상황 속에서 집안의 아들, 딸들이 모두 군과 직·간접으로 연관이 많이 되어 있기 때문일 수도 있다. 언론도 군의 특정 사안이나 결정에 대해서는 비판해도, 군 자체를 비판하는 경우는 거의 없다. 그렇다면 누가 군에 대한 건전한 비판 세력이 되어야 하는가? 나는 다양한 예비역 단체들이 그런 역할을 해야 한다고 생각한다. 군을 격려하기도 하고 비판하기도 해야 한다는 의미이다. 대한민국에는 재향군인회를 비롯하여 성우회, 육군협회, 해병대전우회, 갑종전우회 등 수많은 예비역 단체들이 활동하고 있다. 그리고 군 관련 연구소, 협회도 그 수를 헤아릴 수 없을 정도로 많은 것으로 알고 있다. 그러나 이 단체들이 현역 군인들이 올바른 길을 갈 수 있도록 멘토 역할을 하고, 잘못된 방향으로 들어설 때는 따끔한 충고를 해야 함에도 불구하고 그런 역할을 못 하고 있다. 특정한 정치적 상황에서 시국 선언을 하는 등의 역할은 가끔 있었지만, 각 군이 군사 전문 집단으로서 군사적 전문성과 미래 역량을 키워나갈 수 있도록 그 길을 밝혀 준 사례는 보지 못했다. 일부 예비역 단체는 자신들의 이권을 확장하려고 정치적 활동을 하고, 정부 보조금을 한 푼이라도 더 받아 내려고 기성 정치권에 몸을 기대는가 하면, 내부적 헤게모니를 장악하기 위한 더러운 밥그릇 싸움을 하기도 한다. 그리고 그들이 주관하는 각종 세미나 또는 토론회 등에 가 보면 정치, 외교 내지는 한미동맹 관련 이슈가 대부분을 차지한다. 군사전략, 전술, 인사, 군수, 지휘통신, 복지 등 실질적으로 각 군에 도움이 될 만한 이슈들을 주제로 회의가 진행된 것은 거의 본 적이 없는 듯하다. 물론 최근에는 과학 기술 관련 모임이 많이 활성화된 듯해 그나마 위안으로 삼아 보지만, 이런 경향도 최근 한국 방산의 위상이 높아짐에 따른 일시적 현상일 뿐이다. 즉 이권을 바라고 이루어지는 모임이라는 의미이다. 그런 현실적 이권을 떠나, 멀리 보고 현역과 함께 갈 수 있는 그런 모임의 장이 되어야만 떳떳하게 현역의 후배들에게 따끔한 충고를 할 수 있다. 그리고 그 충고는 현역들이 무시할 수 없는 권위가 담겨야 한다. 이를 위해서는 예비역 단체들이 국가의 예산을 지원받아서는 안 된다. 예산을 지원받는 순간, 그 단체는 집권 정부의 눈치나 보는 좀비 단체가 되어 바른말을 할 수 없을뿐더러, 그들의 말은 권위를 잃고 현역들도 귀찮은 참견으로 받아들이게 될 것이다.

현역 고위 장성들은 겁이 없다. 자신을 평가하는 사람이 없고, 감시자가 없기 때문이다. 내가 존경하는 선배님의 페이스북에 이런 글이 올라온 적이 있어 잠시 인용해 보겠다.

> 정치인들이 모두 겁이 없다. 두려워하거나 거칠 것이 없다. 정치인들이 자기가 하고 싶은 대로 말하고 행동하는 것은 정상적인 상황이라고 하기 어려울 것이다. 정치인들은 오로지 인민을 위해 봉사해야 한다. 그것은 정치인들이 가져야 할 첫 번째 덕목이다. 자신의 명예욕, 출세욕이 인민에 대한 봉사와 사랑보다 더 큰 정치인은 자격과 자질이 없다. 정치인에게 주어지는 특권은 인민을 위해 봉사하라는 요구에 대한 보상일 뿐이다.

나는 위의 견해에 전적으로 동의한다. 더 나아가 고위직 군인은 위에서 말하는 도덕적 가치뿐만 아니라 군인으로서의 전문성까지도 기본적으로 갖추고 있어야 한다는 것이 내 생각이다. 정치가는 많은 정치 평론가, 언론, 시민 단체 등으로부터 나름대로 평가를 받는다. 그런데 고위 장성에 대한 평가는 누가 하는가? 필자가 알기로는 그 누구도 그 어떤 기관도 평가하고 있지 않다. 그래서 겁이 없는 것이다. 전쟁이 나서 적과 직접 한판 승부를 벌이지 않는 한, 그 누구로부터도 평가받지 않기 때문에 자신의 상급자가 지시하는 것만 잘 이행하면 별문제 없이 직무를 마칠 수 있는 것이 현재의 군 고위직이다. 이래서는 안 된다. 누군가의 평가를 반드시 받아야 한다. 그것이 옳든 그르든, 진보적 견해든 보수적 견해든 평가를 받아야 한다. 적어도 각 군 참모총장과 해병

대사령관 그리고 합참의장 정도는 반드시 평가를 받아야 한다. 그리고 그 평가는 국방부나 군 내부의 기관이 아닌, 객관적이고 투명하며 오픈된 기관이 해야 하고, 그 결과를 군의 후배들에게 전파하고 다시 피드백을 받을 수 있는 시스템이 구축되어야 한다. 그리고 그 평가가 두려운 사람은 감히 위 직무를 수행할 생각을 해서는 안 된다. 현재와 같이 내가 언제 참모총장이 될지 합참의장이 될지도 모르다가 어느 순간 어떤 기회(주로 정치권과의 인연)가 주어져 직책을 수행하다가 뭘 했는지도 모르고 직책을 마치는 일은 없어야 한다. 적어도 위 직책을 수행할 사람은 영관장교 시절부터 군의 미래에 대해 고민을 해 왔고, 자기 나름의 해결책과 대안을 제시할 줄 알며, 직책 수행과 동시에 이를 실천할 수 있는 인품과 역량 그리고 자신의 행동에 책임을 질 줄 아는 사람이 되어야 한다.

IV
포퓰리즘 극복을 위한 제언

1. '관계'보다 '가치'를 중시

흔히들 서양은 법이 지배하는 사회이고, 동양은 관계가 지배하는 사회라고 말한다. 서양의 기업 안내서를 보면 중국에서 사업을 하려면 무엇보다도 '관시guanxi(관계)'를 알아야 한다고 소개가 되어 있고, 우리나라의 기업들도 중국에 진출하기 위해서는 '관시'에 대해 알아야 한다고 강조한다. 그러나 이렇게 '관계'를 중시하는 사회 체계 또는 사회 통념은 한국을 비롯하여 일본 등 동북아 3국이 비슷한 면을 갖고 있다. 비교적 부정이 없다는 일본에서도 눈앞에 보이는 법보다는 그 내면에 있는 인간의 얼굴이 앞설 때가 많다. 그래서 일본에서도 그런 인간관계를 소홀히 하는 사람을 '잇피키 오오카미いっぴきおおかみ(외톨이 늑대)'라 부른다. 별로 대단치 않다거나 염려할 것이 없다고 할 때 중국인들은 '메이관시没关系'라고 한다. 관계가 없다는 뜻이다. 일본 사람들도 자기에게 책임이 없다는 것을 '칸케이나이요関係ないよ'라고 하는데, 이는 '관계없다'라는 뜻이다. 우리나라도 그런 경우 '괜찮다'라고 표현하는데

이는 '관계하지 아니하다'의 긴말이 줄어서 된 말이다.[58] 이렇듯 동양 3국의 언어에는 관계의 중요성이 녹아 있다. '관계'라는 것이 우리가 평상시에 사용하는 언어 속에 녹아 있다는 것은 그만큼 우리의 삶과 밀접하게 연관되어 있다는 것을 의미한다.

> 미래 사회를 연구하고 있는 많은 학자는 21세기는 문화가 사회 변혁의 주요 동인動因이 될 것으로 예상하고 있습니다. 특히 미래학자들은 지식·정보화 체계와 정신 세계가 어우러진 가치 중심의 문화야말로 미래 사회의 중심축이 될 것으로 보고 있습니다. 우리 육군은 이러한 가치 중심의 문화에 대한 미래적 의미를 중시하고 있습니다. 그 결과, 육군은 경쟁력 있고 생존력이 높은 강한 조직으로 거듭나기 위해 『21세기 선진 정예 육군 육성』을 목표로 새로운 가치 중심의 문화 창달을 위해 노력하고 있습니다.

지금부터 17년 전, 남재준 총장님께서 장교단 정신의 중요성을 강조하시면서 교재로 만든 『위국헌신의 길』이라는 책자의 머리말이다. 또한 육군은 2020년 『육군비전 2030』을 통해서도 가치 기반의 전사공동체를 지향하고 있다. 나는 남재준 총장님의 말씀과 육군의 '비전서'에 명시된 '가치 기반의 전사공동체'라는 말에 전적으로 공감한다. 미군이 베트남전을 끝내고 육군을 재건하는 과정에서 가장 중요하게 여긴

58 이어령, 《뜻으로 읽는 한국어 사전》, 문학사상사, p.153.

것이 바로 '가치'였다. 설리번 미 육군참모총장은 '가치는 무질서와 패배주의에 빠진 미국의 육군 병사들이 자신들보다 더 큰 무언가에 헌신하게 하는 데 없어서는 안 될 요소였다'고 그의 저서『전쟁과 경영』에서 반복해서 언급했다.

그러나 이를 주장하는 것과 실천하는 것은 별개의 상황으로 전개되어 왔다. 이상과 현실에는 늘 갭이 있기 마련이기 때문이다. 문화는 중요하기는 하지만 근본은 아니다. 문화를 위해 목숨을 바치는 사람도 있기는 하지만 '가치'만큼 절대적이지 않고, 문화 자체가 조국을 위해 목숨 바쳐 싸울 것인가 투항할 것인가를 결정하지도 않기 때문이다. 아이러니하게도 대한민국의 역사를 돌이켜 보면 국난이 닥쳤을 때 용감하게 앞장서서 헌신한 사람은 그동안 국가의 혜택을 받고 입신양명했던 고관대작이 아니라 평범한 백성들이었다. 많이 배우지 못한 평범한 백성들이 나라를 위해 제 한 몸을 희생하는 데 주저함이 없게 만든 동인은 무엇이었을까? 대한민국이 역사적으로 숱한 굴곡을 겪으면서도 사라지지 않고 오늘날 세계 10위권의 선진국으로 발돋움할 수 있었던 것은, 지난 몇천 년간 끝까지 고수한 가치가 있었고 이를 실천한 사람들이 있었기 때문이다. 당나라의 침략에서 안시성을 구한 양만춘, 한글 창제, 해시계, 물시계를 발명하여 백성들의 삶을 윤택하게 하고 북쪽 국경에 4군 6진을 개척한 세종대왕, 13척의 배로 풍전등화 같았던 조국을 일본의 침략에서 구한 이순신 장군, 만주 하얼빈에서 민족의 원흉 이토 히로부미를 사살한 안중근 장군, 조국 근대화의 길을 연 박정희 대통령 등과 같은 분들이 계셨기에 비록 배우지 못한 백성들도 그들의 삶과 정신을 본받아 기꺼이 조국을 위해 몸을 아끼지 않았던 것이다. 그러나 6·25전쟁 이후로 그 범위를 좁혀서 생각해 보면 상황이 많이 변했음을 느끼게 된다. 특히 2000년 이후에는 더욱 그렇다. 우리가 위에 언급한 분들만큼 존경할 만한 우리 군의 선배님들이 과연 몇 분이나 계시는가? 물론, 전쟁이라는 위기 상황이 없었기 때문에 영웅이 탄생할 수 없는 근본적인 한계가 있기는 하지만 말이다. 필자는 월남전에서 중대 전술기지를 구축하여 미군의 '대반란전'[59] 교리에 CHB모델[60]을 구축하는 데 이바지하고 죽어서도 사병 묘역에 묻히신 채명신 장군님, 한국적 상황에 맞게 '도로견부위주종심방어'와 '입체고속기동전'을 정립한 윤용남 총장님, 장교단에 새로운 가치를 정립하고 직접 실천하신 남재준 총장님 정도를 진정으로 존경하는 분으로 뽑고 싶다. 왜 존경하고픈 멘토가 많이 등장하지 않는 것일까? 필자는 가치보다는 관계를 중시하는 문화가 우리 저변에 많이 스며들었기 때문이라고 생각한다. 좀 더 직설적으로 표현하면 가치를 신봉하는 사람보다는 관계에 신경을 쓰는 사람이 고위직으로 더 많이 발탁되었기 때문이다. 얼마 전 모 일간지에 '먼 나라 장군의 소신'이라는 제목으로 이런 글이 올라왔다.

---

59 대반란전counter-insurgency은 유격대, 테러리스트 등의 반란 세력을 진압하기 위한 작전 및 행동을 말하며, 대테러 작전, 대유격대 작전을 포괄하는 상위 개념이다.

60 베트남전에서 채명신 장군은 베트콩을 주민들과 분리Separate - 분리된 마을을 심리전으로 확보Hold - 인접 부대와의 협조된 작전으로 작전 지역을 확장Spread하게 하여 큰 성과를 거두었는데, 이를 보고 미군들이 중동전을 수행하면서 대반란전 수행 시 소탕Clear - 확보Hold - 재건Build으로 발전시켰다.

> 나는 마오쩌둥을 읽었다. 칼 마르크스를 읽었으며, 레닌도 읽었다. 그렇다고 내가 공산주의자가 되지는 않았다. 軍은 열린 사고를 해야 하며, 이해하는 것은 중요하다…. 우리가 지켜야 할 이 나라가 처한 상황을 이해하는 게 왜 문제인가?

이 글은 2021년 6월 23일, 미연방 하원 군사위에서 공화당 의원들이 좌파 논리에 뿌리를 둔 '비판적 인종 이론Critical Race Theory의 군내 교육을 지적하자 마크 밀리Mark Milley 합참의장이 자신의 신념을 소신 있게 발언한 것이다. 문제를 제기했던 공화당 의원들도 밀리 의장의 발언에 침묵할 수밖에 없었다. 기사는 다음과 같은 말로 글을 맺고 있다.

> 우리는 전투기를 직접 제작하는 여덟 번째 나라이고 연간 55조 원의 국방비를 쓴다. 국방비를 아무리 많이 쓰고 방위력 순위가 올라갔다고 해도 신뢰가 없으면 전투력은 기대할 수 없다. 신뢰의 둑이 터진 지금 군의 문제는 결국 사람이다. 군에서 소신 있는 목소리가 나온 지 오래된 것 같다.

최근 군의 부실 급식과 관련하여 많은 현장 사진들이 '육대전'에 등장하면서 야전 부대의 지휘관들을 힘들게 하고 있다. 일부 야전 부대에서는 병사들이 힘든 훈련을 앞두고 있을 때, 그 부대를 '육대전'에 올려만 놓으면 간부들이 그 후속 조치를 하느라 정신이 없어서 훈련을 안 하게 되어 이를 노리는 병사들이 있다고 말하고 있을 정도이다. 어떤 중대장, 대대장은 병사의 어머니로부터 "우리 아들은 피부가 예민해서 특정한 피부 크림을 꼭 발라야 하니 PX 물품을 늘려 달라, 몸이 약하니 이번 훈련에서 제외해 달라, 우리 애가 누구 병사와 사이가 안 좋으니 생활관을 바꿔 달라." 라는 등의 전화를 받기도 한다고 한다. 오죽했으면 어떤 초급 간부는 "여기가 군부대인지 민원 해결하는 동사무소인지 헷갈린다."는 말까지 했을까. 이것이 과연 전투를 준비하는 군부대에서 일어날 수 있는 정상적인 현상인가? 육군 규정(군사보안)에 의하면 용사들은 부대 내에서 소지한 휴대폰으로 사진을 촬영할 수 없게 되어 있다. 그럼에도 불구하고 많은 용사들이 부대 내에서 핸드폰으로 사진을 촬영하여 '육대전'에 올리고 있는데도 처벌하지 못하고 있다. 군 기강이 무너지고 있는 것이다. 그렇다면 그 규정을 금과옥조로 지키고 있는 다수의 용사들은 무엇이란 말인가? 만약 처벌할 수 없다면 당장 그 규정을 수정하여 용사들의 부대 내 사진 촬영을 허용해야 한다. 지시사항을 어기는 것을 처벌하지 못한다면 이후 그 어떤 지시사항도 정당성을 획득하지 못할 수 있으며 향후 제대로 이행시키지도 못할 것이다. 군 조직에서는 영슦이 중요하다. 아무리 사소한 영일지라도 반드시 지켜져야 하며, 지키지 않을 때는 합당한 처벌을 해야 한다. 왜냐하면 이는 군이 존재하기 위한 가장 중요한 가치이기 때문이다.

미국의 하버드 대학은 자타가 공인하는 세계 최고의 명문대이다. 2019년 기준 노벨상 수상자 160명으로 1위를 차지하고 있다. 하버드 대학이 세계 최고의 명문대가 된 데에는 많은 이유가 있겠지만 전통적 '가치'에 관한 이야기 하나만 하겠다. 하버드 홀은 하버드 대학 최초의 건물이자 가장 오래된 건물이다. 200여 년 전 어느 날 밤, 한 학생이 늦은 시간까지 하버드 홀 도서관에서 공부를 하다가 밤이 깊어지자 책을 반납하지 않고 챙겨서 기숙사로 돌아갔다. 그런데 그날 밤 하버드 홀에 대형 화재가 발생했고 도서관에 있던 수많은 책이 건물과 함께 모두 소실되었다. 대학 총장과 교수들을 비롯해 많은 학생이 도서관을 잃은 상실감에 빠져 있을 때 한 학생이 총장에게 책 한 권을 내밀었다. 바로 그날 밤 도서관에서 기숙사로 책을 가져갔던 학생이었다. 이 학생이 내민 책은 도서관에 보관된 책 중 불에 타지 않은 유일한 책이었다. 그러나 유일하게 남은 책을 보관했던 그 학생은 하버드의 영웅이 되기는커녕, 책을 반출할 수 없다는 학칙을 위반했다는 이유로 퇴학당했다. 반드시 학칙을 지켜야 한다는 원칙에는 예외가 없음을 보여준 것이었다. 다시 말해 아무리 결과가 좋다고 해도 그 결과로서 과정을 정당화할 수는 없음을 보여준 것이었고, 원칙은 어떠한 경우에도 지켜져야 한다는 가치를 수호한 사례라 할 수 있겠다.

우리의 사례를 확인해 보겠다. 한번은 실무자로부터 〈'21년도 전반기 운전병 인력운영 전망〉이라는 보고를 받았다. 보고 내용 중에 야전에 있는 '운전교육부대'에서 운전 교육 중 퇴교 현황에 관한 보고를 받았는데, 퇴교 사유를 확인하면서 깜짝 놀랐다. 〈표 14〉는 퇴교 현황별 분석 결과이다. 표에서 보는 바와 같이 전체 퇴교자의 41%가 운전 거부이다. 운전병은 징집병과 모집병으로 나눌 수 있는데, 징집병은 본인의 의사와 무관하게 운전병으로 선발되기에 운전을 거부할 수도 있으나, 모집병은 본인이 운전을 하겠다고 지원한 인원이다. 그런데 군에 입대해서 운전을 못 하겠다고 하는 것이다. 이유는 간단하다. 운전병이 목적이 아니라 특정한 시기(1월~5월)에 군에 입대하는 것이 목적이었기 때문이다. 일단 군에 입대하면 군에서는 집으로 돌려보내지 못한다는 것을 알고, 입대 시기를 맞추기 위한 수단으로 운전병 모집 제도를 변칙적으로 활용한 것이다. 그래서 그에 따른 처벌을 어떻게 하는지 확인해 보았다. 처벌은 달랑 '휴가 제한 5일'이었다. 군 복무를 더 하는 것도 아니고 휴가 제한 5일이니, 제도制度 악용을 예방하는 처벌로서는 그 효력이 너무 미흡하였다. 이를 활용하는 사람들은 목적만 달성하면 수단에 있어서는 도덕도 윤리도 필요 없다고 생각하는 사람들이다. 사소하다고 생각할지 모르지만, '정의'라는 '가치'가 바로 서지 못하고 병역 의무의 기강이 무너지고 있는 것이다.

'정의'라는 가치가 바로 서지 못하는 또 다른 예를 들어보겠다. 필자는 이 사실을 확인하고 울분을 토하지 않을 수 없었다. 작년에 신규 임용한 젊은 군무원이 스스로 사명감을 갖고 예하 부대 용사들의 진급 실

〈표 14〉 2021년 전반기 수송교육대 운전병 퇴교 현황

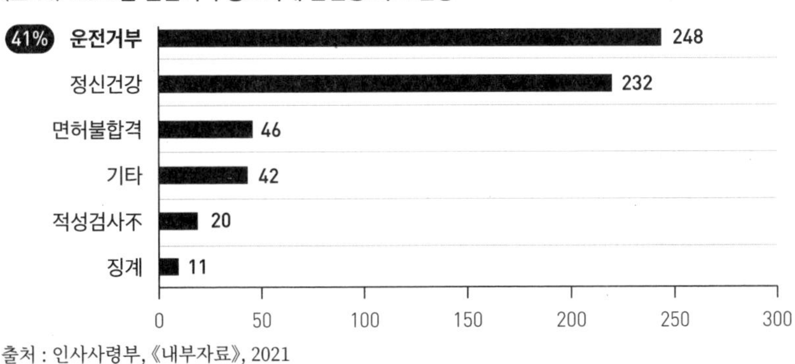

출처 : 인사사령부, 《내부자료》, 2021

태를 분석해 보았는데, 진급 착오 사례가 10,280건이나 발견되었다. 대표적인 사례는 징계 등 처벌을 받은 인원은 처벌과 함께 진급에 불이익을 주게 되어 있는데, 인사 실무자의 행정 착오로 정상 또는 심지어 모범병 진급이 되는 경우, 또는 역으로 모범병은 조기 진급을 시켜야 하는데 정상 또는 지연 진급을 시키는 사례가 많았다. 이런 착오는 곧바로 급여 문제와도 연계가 되는데, 최근에는 병 봉급의 급격한 인상으로 예산상의 차이도 무시할 수 없을 정도로 많은 액수가 되고 있다. 따라서 인사사령부의 실무자가 예하 부대 실무자의 행정 부담을 덜어 주기 위해 진급 관련 세부 업무 처리 지침을 작성하여 필자에게 보고했는데, 적용에 문제가 있었다. 〈표 15〉를 통해 설명해 보겠다. 군에서는 과거 병의 징계 벌목 중 '영창' 제도가 신체의 자유를 침해하는 처분이라는 논란이 일자, 이를 대체하기 위해 인권 친화적이면서 제도의 위하력威嚇力을 유지하기 위해 군기교육 집행일만큼 군 복무를 더 할 수 있게 하는 '군기교육'이라는 벌목을 신설하여 운영하고 있다. 문제는 군기교육의 처분과 집행이 일치하지 않는 경우가 많고, 그럴 경우 군 복무일수를 가산하는 데 있어 인사명령지가 아닌 실제 집행 일수를 적용한다

〈표 15〉 군기교육 처분과 집행에 따른 복무일수 적용 결과

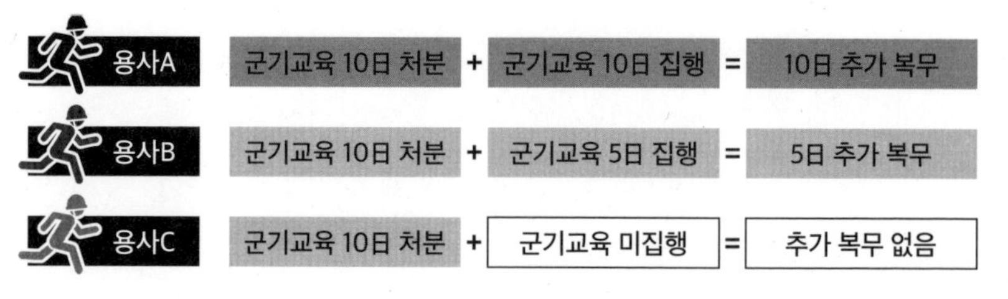

는 데 있다. 〈용사A〉의 경우 군기교육 10일을 처분받고 실제 군기교육 10일을 집행했을 경우, 군기교육 집행일인 10일만큼 추가 복무를 해야 한다. 그러나 〈용사B〉의 경우 군기교육 10일 처분을 받고(명령 발령), 군기교육 도중 몸이 아파서 5일만 군기교육을 집행했을 경우, 5일만 추가 복무를 하면 된다. 또한 〈용사C〉의 경우 군기교육 처분 10일을 받았지만(명령 발령), 부대 내의 여러 가지 사정(부대 훈련, 군기교육 시설 미비 등)에 의하여 군기교육 집행을 하지 못했을 경우 추가 복무를 하지 않아도 된다. 다시 말해서 징계 집행을 성실히 이행한 사람은 불이익을 당해야 하고, 몸이 아프다던가(대개는 꾀병), 부대 내 교육 시설이 미흡하다는 등의 사유에 의해 징계 집행을 이행하지 않은 사람은 오히려 이익을 얻게 되는 구조가 만들어진 것이다. 이런 현상은 차기 진급에도 바로 영향을 준다. 즉 군기교육 처분과 집행을 모두 정상적으로 받은 인원은 차기 계급 진급 시 2회 누락의 불이익을 받게 되고, 처분은 받았으나(명령 발령) 여러 사정으로 집행을 하지 않은 인원은 1회만 누락시키고 있다. 지구상 어디에 이런 법 집행이 있다는 말인가? 정의가 바로 서지 않고 있는 것이다. 그러나 이런 일이 현재 육군의 모든 예하 부대에서 발생하고 있다. 이와 관련하여 법무실에 문의했더니 법무실에서는 위와 같이 적용하는 것이 적법하다고 설명했다. 법무실에서는 병역법 시행령 제27조 ③항 1호에 '군기교육 처분일수는 징계에 의하여 군기교육 처분을 받고 교육·훈련을 받은 일수'라고 명시되어 있기 때문에 처분일수(징계명령이 발령된 것)와는 관계없이, 실제 군기교육·훈련을 집행한 일수를 군 복무에서 제외해야 한다는 것이다. 그러다 보니 위에서 언급한 것처럼 말도 안 되는 어처구니없는 일이 벌어지고 있는 것이다. 이래서야 군 기강이 제대로 서겠는가?

〈표 16〉은 육군의 작년 8월부터 올 7월 1일까지 군기교육 처분 및 집행 현황이다. 보는 바와 같이 전체 처분 대상자 2,603명 중 18%인 463명에 대해 처분을 집행하지 않았다. 가장 큰 사유는 코로나19 상황으로 인해서 부대 내 군기교육을 집행하기 위한 시설이 부족한 데 있었고, 두 번째는 질병 또는 몸이 불편하여 치료 대상이기 때문이었다. 결국 정상적으로 집행한 82%는 불이익을 당한 것이고, 정상적으로 집행하지 않은 18%는 오히려 이익을 본 것이다. 이 얼마나 불공정하고 비참한 현실이란 말인가? 그 무엇보다도 병역 의무의 형평성을 강조하고 있는 징병제 국가에서 말이다. 공정과 정의가 무너지고 근본 가치가 위협받고 있다. 따라서 위 병역법 제27조 ③항 1호에서 군 복무 기간에서 제외되는 기간은 '군기교육 처분을 받고 교육·훈련을 받은 일수'가 아니라 '군

〈표 16〉 '군기교육' 처분에 따른 집행 현황(2020. 8월~2021.7월)

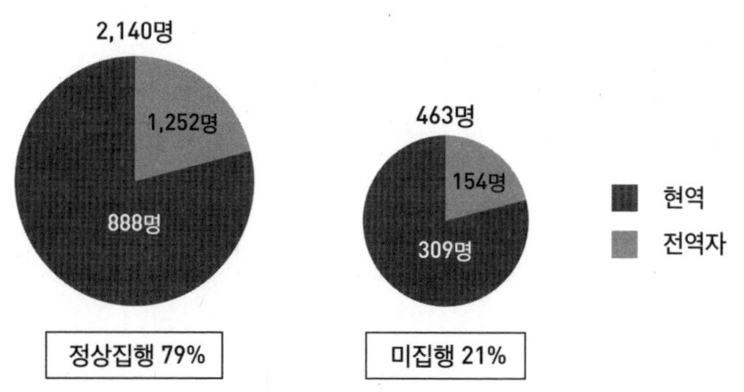

출처 : 인사사령부, 《내부자료》, 2021

기교육 처분일수'로 개정되어야 한다.

야전 부대의 중대장, 대대장들이 잘못한 용사들에게 '군기교육 처분'을 내리는 이유는 물리적 공간에서 군기 확립을 위해 교육하는 것도 있지만, 더 근본적인 이유는 해당 용사에게 실질적인 불이익(군기교육 기간만큼 추가 군 복무)을 주기 위함이라는 사실을 직시해야 한다. 또한 이렇게 처분과 집행의 불일치가 발생하는 상황에서, 실제 집행 처분 결과에 따라 진급과 전역의 일자를 판단하기 때문에 예하 부대에서 관련 업무를 담당하는 인사 실무자는 심각한 업무 부담(인사명령 상의 처분 일자와 실제 집행 일자를 별도로 다 계산해야 함)을 느끼고 있다. 더구나 이 모든 것이 급여와 연계가 되고 있어 용사들의 급여 인상 효과와 비례해서 담당자들의 업무 부담이 가중되고 있다. 따라서 집행과는 별개로 처분(인사명령)을 기준으로 진급과 전역 일수를 반영함으로써 비정상을 정상으로 되돌리고 예하 부대의 업무 부담을 감소시켜 주어야 한다.

말이 나온 김에, 현재 용사들에 대한 징계 벌목은 용사들에게 실질적인 처벌 효과를 주지 못하고 있다는 것이 필자의 생각이다. 〈표 17〉은 현재 용사들에게 적용하고 있는 징계의 종류이다. 표에서 보는 바와 같이 현재 용사들에 대한 징계의 종류 중에 가장 강한 처벌이 '강등'이다. 그런데 '직업 군인제'가 아니고 의무적으로 군 복무를 해야 하는 징병제 국가에서, 군 생활에 염증을 느끼고 사고만 치는 인원에게 1계급 강등을 시킨다는 것이 과연 어느 정도의 처벌 효과를 줄 수 있을지 생각해 보기 바란다. 그런 인원에게 1계급 강등해서 상병으로 전역하게 하는 것은 큰 효과가 없다. 그런 마음을 가진 인원에게는 상병 전역이든 일병 전역이든 크게 관계가 없다는 말이다. 그리고 '군기교육'이나 '근신', '견책' 등은 집행 내용이 비슷비슷하다. 다만 차이가 있다면 '군기교육'이 그 기간만큼 군 복무를 더 해야 한다는 점에 차이가 있을 뿐이다. 사실 이 점 때문에 대부분의 대대장, 중대장들이 군기교육 처분을 시행하고 있는 것이나, 이것도 근본적인 강제력을 갖기에는 많은 한계가 있다. 처벌은 잘못을 저지른 사람이 자기 잘못을 반성하고, 다시는 그런 잘못을 하지 않을 만큼 강력해야 한다. 물론 처벌받는 사람의 인권을 해치지 않는 범위에서 말이다.

또한 처벌은 잘못한 사람이 감당해야 할 몫이다. 즉 다른 사람이 대신할 수도 없을뿐더러 대신해서도 안 된다. 그런데 '군기교육'의 경우 잘못을 저지른 사람이 받아야 할 처벌을 예하 부대의 지휘관들이 일부

〈표 17〉 병 징계의 종류

종 류	내 용
강 등	• 당해 계급에서 1계급 내림
군기교육	• 15일 이내의 범위에서 군인정신과 복무 태도 등에 관하여 교육·훈련하거나 정한 장소에서 비행을 반성하게 함 * 군기교육 처분일수는 군복무기간 미산입
감 봉	• 1개월 이상 3개월 이내 기간 동안 보수의 1/5 감액
휴가단축	• 휴가 일수를 제한함. 기간은 1회에 5일이내. 복무기간 중 총 제한일수는 15일을 초과할 수 없음
근 신	• 15일 이내의 범위에서 훈련 또는 교육의 경우를 제외하고는 평상 복무에 금하고 징계권자가 지정하는 일정 장소에서 비행을 반성하게 함
견 책	• 비행을 규명하여 장래를 훈계

출처 : 국방부훈령 제2564호, 《군인·군무원 징계업무처리 훈령》, 2021

공유하고 감내해야 하는 부분이 있다. 말썽이 많고 군의 단결과 화합에 저해가 되는 인원이라면 지휘관 입장에서는 빨리 전역시켜 기존의 조직과 떨어뜨리는 것이 가장 좋다. 그런데 군기교육 처분을 받은 인원은 그 기간만큼 전역이 미루어지기 때문에 지휘관이 그 기간만큼 더 지휘 책임을 져야 한다. 그러다 보니 지휘관은 잘못을 반성하지 않고 재차 지시를 불이행하는 인원에게 2차, 3차 군기교육 처분을 내리기가 부담스러울 수밖에 없다. 잘못을 저지른 사람의 몫을 지휘관이 일부 감내해야 하는 이런 구조는 근본적으로 문제가 있는 것이다. 그런 의미에서 지휘관에게 부담을 주지 않고, 잘못을 저지른 당사자에게만 부담을 줄 수 있는 새로운 징계 벌목의 신설이 필요하다. 필자 개인적인 생각으로는 우리나라는 자본주의 경제 운영을 하고 있기 때문에 비록 징병제로 병역 의무를 하고 있다고 하더라도 개인에게 경제적 부담을 주는 방안이 필요하다고 본다. 예컨대 '벌금형'을 신설하여, 용사 1인이 군 생활 중에 받을 수 있는 급여의 한도 내에서 감당할 수 있는 범위(총 급여액의 1/2 이하)의 강한 처벌을 내려 군 기강을 좀먹는 인원은 불이익을 받도록 해야 한다. 그리고 현행 '감봉'의 내용도 더 강화하여 현행 '3개월 이내의 기간 동안 보수의 1/5감액'에서 '6개월 이내의 기간 동안 보수의 1/2'까지 감액할 수 있도록 상향할 필요가 있다. 또한 병적기록표의 '복무기록'란에 처벌 내용을 기록하여 명예로운 전역을 하는 정상적인 인원과 구분할 필요가 있다. 그것이 군 복무의 '가치'를 제고하는 올바른 방안이라고 생각한다.

우리 육군이 육군의 가치와 명예를 어떻게 생각하고 있는지 단편적으로 보여 주는 사진이 있다. 아래 사진은 2004년 당시 남재준 총장님의 의지를 반영해 육군본부 본청 남문 입구에 조성된 '명예의 전당' 최초 모습이다. 입구 정면에는 흰색 조명으로 '육군 명예의 전당'이라는 문구가 밝게 빛나고 있으며, 그 아래에는 검정색으로 'HALL OF THE HONOUR' 라고 영문이 적혀 있어 이곳이 어떤 곳인지를 바로 알 수 있게 되어 있다. 상부에는 비상하는 용의 모습이 조각되어 있으며, 입구 좌·우측에는 돔 형식의 기둥이 설치되어 마치 그 기둥을 지나치면 어떤 고귀한 곳으로 들어가는 느낌을 주도록 만들었다. 좌측에는 '우리들의 오늘과 후손들의 내일을 있게 한 당신들의 고귀한 희생을 영원히

〈그림 15〉 육군 명예의 전당 전경(2004년)

잊지 않겠습니다.'라는 메시지가 한글과 영문으로 표시되어 있고, 그 좌·우측으로는 '위국헌신 군인본분爲國獻身 軍人本分'이라는 큰 글씨가 눈에 들어온다. 한 마디로 딱 봐도 매우 격조 높게 만들어 놓았다. 그러나 다음 사진을 보자. 필자가 최근에 직접 찍은 사진이다. 첫눈에 딱 보아도 엄청 혼란스럽게 느껴진다. 우선, 입구 좌·우측에 설치된 각종 배너 때문에 눈이 어지럽고, 싸구려 장소 같은 느낌을 준다. 중앙에 있는 '육군 명예의 전당'이라는 글씨는 어두워서 잘 보이지 않아 이곳이 전당인지 알기도 어렵고, 그냥 복도라는 생각밖에 들지 않는다. 잘 보이지 않는 글씨를 어렵게 확인하여 이곳이 명예의 전당이라는 것을 인지하였을 때는 '참 격조 없이 만들었다'라는 느낌과 함께, 왜 명예의 전당

〈그림 16〉 육군 명예의 전당 전경(2021년)

앞에 명예의 전당과는 관계없는 많은 배너가 놓여 있는지 의아한 생각이 들 뿐이다. 한마디로 무관심의 극치라고밖에 할 수 없다. 기둥과 용의 조각도 없어진 것을 보면 중간에 리모델링을 한 것 같은데, 더 격조 있고 멋지게 보여야 할 입구가 '어떻게 이렇게 싸구려 냄새가 풀풀 넘치게 디자인되었을까?'라는 생각이 든다. 아마도 필자의 생각에, 당시 리모델링을 하는 관계자는 이곳이 명예의 전당 입구가 아니라 그냥 일반적인 동, 서, 남, 북문 출입구 중의 하나로 여겨 가치보다는 비용을 더 중요시한 게 아닐까 한다. 그런데 애써 그렇게 이해해 보려고 해도, 매일 이 배너를 보면서 아무 문제의식을 못 느끼고 있는 우리는 당시의 리모델링 업자와 무엇이 다르단 말인가?

시간이 흐르면서 개인의 외모도, 인생도, 친구 관계도 끊임없이 변한다. 그러나 그것이 바로 살아 있다는 증거이다. 내 몸을 구성하는 세포는 어제의 세포가 아니지만 나는 그대로 나다. 1년 전의 세포가 그대로 있다면 나는 죽은 것이다. 육군을 구성하는 구성원은 어제의 구성원이 아니지만, 육군은 그대로 육군이다. 자연의 모든 생명체는 그 미세한 부분은 항상 변하고 교체되고 있지만 그 기본 형태와 정체성은 유지된다. 그것이 곧 생명체가 살아 숨쉰다는 증거이다. 바닷가 해변의 모래밭은 항상 같은 모습이지만, 이를 구성하는 모래는 다르다. 끊임없이 들어오고 나가는 파도에 의해 이전 모래알들이 새 모래알들로 바뀌기 때문이다. 새로운 모래로 바뀌니 해운대가 살아 있고, 새로운 물로 바뀌니 한강이 살아 있는 것처럼, 구성하고 있는 것은 계속 바뀌더라도 그 원형을 유지하도록 하는 것이 있으니 그것이 바로 '정체성'이고 '가치'이다. 그런 의미에서 보면, 육군 명예의 전당은 그 원형을 잃었다. 살아 있는 생명체로 본다면 이미 죽은 것이다.

최근 군대 내에서 일어나고 있는 '워라밸' 문화도 그렇다. 군의 존재 목적은 전시 적敵과 싸워 승리하는 데 있고, 평시에는 전투 준비를 철저히 해서 전쟁을 억제하는 데 있다. 이러한 존재 목적이 우선이고 그다음이 '워라밸'이다. 그런데 평시 전투 준비 태세가 금방 눈에 보이지 않는다고 마치 '워라밸'이 우선인 것처럼 강조하는 느낌이다. 필요하면 야근도 해야 하고 휴일에도 출근해야 한다. 부하들이 고생하면 안 된다는 생각도 문제이다. 필요한 고생은 해야 한다. 요즘 젊은 사람들이라고 해서 모두가 '워라밸'을 좋아하는 것은 아니다. 어떤 젊은 직장인은 자기 회사에서 초과근무를 아예 원천적으로 금지하는 것에 대해서 불만을 토로하기도 한다. "내 인생을 다 걸고 싶은데 요즘은 걸 곳이 없어요! 예전처럼 일을 하지도 않고, 회사에서도 그렇게 평가하지를 않아요." 2030세대 모두가 저녁이 있는 삶을 추구하지는 않으며, 어떤 젊은이는 자기 삶을 불태우고 싶은데, 불태울 곳이 없어서 고민하기도 한다. 그들은 고민한다. "워라밸의 삶을 추구해야 할까, 성취가 있는 삶을 추구해야 할까? 성취는 조직 안에서 할까, 밖에서 개인 활동을 할까?" '워라밸'만이 젊은이들을 끌어들이는 요소는 아니다. 육군이 젊은이들의 꿈과 희망, 그리고 성취욕을 해결해 줄 수 있는 열린 기회의 장場이 되어야 한다. '워라밸'은 분명 좋은 것이고 권장할 사안이다. 그러나 주객이 전도되면 안 된다. 해야 할 일은 주변 사람들이 다 싫어해도 해야 한다. 그것이 '관계'를 극복하고 '가치'에 집중하는 길이다.

얼마 전에 안규백 의원에게 대면 설명할 일이 있어 국회를 방문한 적이 있었다. 설명을 마치고, 안 의원에게 건의하였다. "최근 용사들이 검증되지 않은 사안을 무분별하게 핸드폰으로 사진을 찍어 올려서 부대의 기강이 흐려지고 야전 지휘관들의 어려움이 있으니, 사진 촬영과 녹음 기능을 제외한 용사 전용 핸드폰을 별도 제작해서 입대하는 용사에게 나누어 주자."고 했다. 그랬더니 당장 안 의원께서 하시는 이야기가 그 비용은 어디서 감당하겠느냐는 것이었다. 필자는 요즘 용사들의 봉급이 많이 인상되었으니 그 인상분에서 제외하면 간단한 핸드폰 보급은 충분할 것 같다고 건의드렸다. 그랬더니 곧바로 용사들의 봉급을 건드리는 것은 안 된다고 하는 것이었다. 그도 그럴 것이 용사들의 봉급은 정치인들의 표와 직결되기 때문이다. 선출직인 국회의원이 용사들의 표를 의식하는 것은 당연하고 그럴 수도 있다고 생각한다. 그러나 군인은 정치인이 아니다. 군인들은 군을 위한 본질적 가치를 위해 당당하게 요구해야 한다. 징병제 국가에서 용사들의 봉급 인상이 우선일까, 용사들에게 기본적으로 필요한 물자, 장비, 시설 등에 대한 투자가 우선일까? 정말 모든 대한민국 국민에게 묻고 싶다. 용사들 봉급 인상이 중요합니까, 기본 급식비 인상이 중요합니까? 육군훈련소에 있는 3개 연대의 침상형 생활관을 침대형으로 교체하는 것이 우선입니까, 용사들 봉급 인상이 우선입니까? 용사 13명당 1개 설치하기로 되어 있는 샤워기가 53명당 1개 설치된 낙후된 시설 개선이 우선입니까, 봉급 인상이 우선입니까? 적어도 우리 군인들은 국민의 '표'보다는 대한민국의 안전과 '육군'이라는 조직의 안정, 그리고 군을 지탱하는 군 기강이 더 중요한 가치임을 믿고 이를 구현하기 위해 매진해야 한다.

중국 역사를 보면 많은 탐관오리의 비행이 보인다. 그들은 개혁을 두려워하지 않았다. 그들은 오히려 아무런 일이 없는 상태, 즉 무위無爲의 정치 상태를 두려워했다. 천하가 자연스럽게 다스려진다면 그들이 재물을 착취할 이유도, 방법도 없어지기 때문이었다. 반대로 나라에서 어떤 행동을 취하면 그들은 늘 새로운 방법을 강구했다. 그 행동이 개혁이든 다른 무엇이든 상관없었다. 나라에서 병사를 모집하면 군사비를 징수했고, 학교를 운영하면 운영비를 챙겼으며, 도적을 소탕해 주면 그에 따른 치안 유지비를 징수했다. 상부에서 명령이 떨어지기만 하면 그들은 그 기회를 틈타 날아가는 기러기 털도 뽑을 태세로 제 잇속만 챙겼다. 중국 역사의 아픈 기억이다. 하지만 우리나라도 그와 별반 다르지 않았다. 그러나 오늘날 우리 육군에 이런 탐관오리들이 있으리라고는 상상도 할 수 없다. 나는 이토록 청렴한 문화가 정착된 것은 남재준 총장님 덕분이라고 생각한다. 그러나 이제는 청렴의 단계를 넘어서야 한다. 육군이 포퓰리즘의 덫에서 벗어나기 위해서는 '도덕성'이라는 가치를 넘어, 군 본연의 '가치'에 주목해야 한다.

1840년 영국인들이 중국과 전쟁을 일으킨 궁극적인 목적은 절대로 아편의 밀거래에 있지 않았다. 남경조약에도 아편 무역을 개방한다는 조항이 전혀 없다. 영국 입장에서 당시의 전쟁은 아편 수입을 강요하기 위한 것이 아니라 통상을 요구하기 위한 것이었기 때문이다. 페이정칭費正清의 『중국: 전통과 변천』이라는 책에는 이런 구절이 나온다. "사실 영국은 외교적 평등과 통상 요구라는 측면에서 당시 모든 서방 국가들의 희망을 대변하는 입장이었다. 영국이 나서지 않았다면 다른 국가들도 똑같은 방법을 취했을 것이다. 영국이 중국과의 교역에서 찻잎이나 다른 상품이 아닌, 아편을 주거래 품목으로 삼은 것은 단지 역사적 우연일 뿐이다." 당시 영국의 반대파들은 의회의 변론에서 이를 '아편전쟁'이라고 부르면서 심하게 반발했다. 결국 '아편전쟁'이라는 표현은 영국인들이 그들 정부를 풍자하면서 탄생한 말이었다. 오늘날 이 표현을 그대로 써도 무방하겠지만, 이것을 정말 아편전쟁이라고 여김으로써 도덕적 우월감을 얻고자 한다면 그 자체가 이미 아편 중독의 증후군이라고 말한 중국의 학자 이중톈의 말처럼, 우리 육군에 탐관오리가 없으니 군 조직이 민간의 어떤 조직보다도 우수한 집단이라고 우쭐해 있다면 이 또한 아편에 중독된 증상이라 할 수 있다. 이제 도덕성과 청렴은 기본이고 군의 특수성과 가치를 추구하되, 이에 반하는 포퓰리즘적 성향을 적극적으로 물리쳐야 한다.

고대 동양 사회에서 도덕은 최고의 덕목이었다. 도덕은 나라를 세우는 근본이자 치국의 방도였기 때문이다. 그러나 아이러니하게도 그 도덕 때문에 부패가 만연했다. 나라에서는 관료들이 이상을 펼칠 만큼 충분한 경제적 지원을 보장해 주지 못했기 때문에 관료들은 실질적인 문제를 전혀 해결하지 못하는 도덕적 설교는 접어 두고, 대신 관료 사회에서 그들의 돈줄을 보장하는 부패에 동화되어 갔다. 본인이 돈에 관심이 없고 승진에 목을 매지 않는다 해도 딸린 식솔과 부하들을 생각하지 않을 수 없었다. 부하들은 성인聖人들과는 거리가 멀고 사서오경도 모를뿐더러 도덕적 이상사회를 건설할 꿈도 없었다. 그들 역시 어떤 사람에게 줄을 서야 자기에게 더 큰 이득이 돌아올지 나름대로 계산기를 두드리고 있는 이기적 인간들에 불과했던 것이다. 이런 사회에서는 빈곤이야말로 악의 근원이다. 그러나 경제적 문제가 해결되고 나면 많은 도덕적 문제는 자연스럽게 해결된다. 부자일수록 더 도덕적인 인간이 된다는 사실은 유엔의 각종 통계 지표가 이를 증명한다.

우리나라 KTX열차를 타 보신 분들은 아시겠지만, 승무원들이 승객들의 열차표를 확인하지 않는다. 열차 안에서는 물론, 도착역을 빠져나올 때까지도 누구 하나 승차권을 확인하는 사람이 없다. 한국에 처음 온 외국인들은 모두 이상하게 생각한다. 한국에서는 왜 승차권을 확인하지 않지? 그럼 열차가 모두 공짜란 말인가? 그렇다면 승차권을 구매하는 사람들은 뭐지? 확인도 하지 않는데 그냥 무임승차하면 되는 것 아닌가? 하지만 이렇게 생각했다가는 오산이다. 겉으로 확인하는 것이 보이지 않을 뿐, 승무원들은 승객들의 승차권 소유 여부를 다 확인한다. 열차 안에서 다른 사람의 자리에 앉아 있는 사람에게는 여지없이 승무원이 다가와서 정중하게 확인한다. "손님! 실례지만 손님의 승차권 좌석번호를 확인해 보시겠습니까?" 이 한마디면 끝이다. 언성을 높일 필요도 없다. 그러나 이런 시스템을 구축한 나라는 지구상에 몇 없다. 여러분에게 질문을 하나 하겠다. 다음 중 우리나라와 같은 시스템을 구축할 수 있는 나라는 어느 나라겠습니까? 1번 스웨덴, 2번 라오스, 3번 베네수엘라. 여러분들 중 대부분은 1번 스웨덴을 선택할 것이다. 왜? 잘 사는 나라이기 때문이다. 기본적으로 살 만큼 사는 나라에서는 굳이 저런 사소한 일로 자신의 양심을 속이려 하지 않는다. 하지만 먹고살기 힘든 곳에서는 다르다. 당장 집에 가면 한 끼 식사를 걱정해야 하는데, 비용을 절감할 수 있는 일이라면 양심 같은 것을 생각할 겨를이 없다. 주변에 있는 모든 사람이 나와 같이 생각하기 때문에 양심의 가책을 느낄 일도 없다. 도덕성은 어느 정도 먹고살 만할 때 고양이 되는 것이다.

주지하다시피 윤리와 도덕은 평등을 지향한다. 따라서 전근대적 시대에서는 윤리와 도덕이 최고의 가치였다. 그러나 먹는 문제가 해결되고 삶의 질을 추구하는 4차 산업 혁명의 시대에서는 새로운 가치가 요구된다. 도덕과 윤리는 정체된 사회를 유지하는 '핵심 가치'로서는 유용했으나, 역동성 있는 사회를 이끌어 가야 할 가치로서는 뭔가 부족하다. 우리 육군은 도약적 변혁을 추구하며 차세대 '게임 체인저'를 모색하고 있다. 그런 의미에서 우리의 핵심 가치관도 다시 살펴봐야 한다. 현재 육군의 핵심 가치인 "위국헌신, 책임완수, 상호존중"은 과거와 현재의 육군이 지향해야 할 가치관으로서는 적합할지 모르나, 미래를 이끌어 갈 가치로서는 뭔가 2% 부족하다. 육군이 미래를 선도하고 도약적 변혁을 추구하기 위해서는 불확실한 미래를 주도할 수 있는 '게임 체인저'를 만들어 내야 하고, 이를 위해서는 위험을 무릅쓰고 과감하게 도전할 수 있는 모험심과 과학적 사고를 바탕으로 치밀한 계산을 해낼 수 있는 명석함이 필요하다. 나는 이런 행위의 밑바탕에 필요한 것이 '도전정신'이라 생각한다. 도전에는 목표가 있고, 그 행위의 결과가 있기 마련이다. 이제는 동기가 도덕적이었기 때문에 또는 동기가 선했기 때문에 결과까지도 선의로 포장되어서는 안 된다. 미래의 결과는 우리

후배들이 당면한 현실이 되기 때문이다. 이제는 성과 있는 결과를 만들어 내야 한다. 즉 평등보다는 경쟁과 효율 그리고 성과를 추구하는 가치관을 내재해야 하는 것이다. 그런 의미에서 나는 이를 '도전을 통한 성과', 영어로는 Challperformance(Challenge + Performance)라고 부르고 싶다. 우리에게는 도전정신과 이를 통한 성과가 필요하다. 이를 위해서는 '관계'보다는 군의 본질적 '가치'에 집중해야 한다.

2. 데이터에 근거한 '총괄평가' 필요

얼마 전 육군 자문위원인 박용후 대표의 온라인 초빙 강의를 듣고 깜짝 놀랐다. 그가 강의 도중 "왜 군의 중요한 정책은 전부 간부들이 결정하지 않고, 병사들이 결정하느냐, 그 많은 장군, 장교, 부사관은 무엇을 하느냐?"라고 물은 것이다. 다시 말해 간부들이 사전에 조치하여 예방하지 않고, 꼭 병사들이 문제를 터뜨려야만 그때 가서야 후속 대책을 내놓으면서 뒷수습에 나서는 행태에 대한 지적이었다. 육군훈련소 인분 사건, 22사단 임 병장 사건, 28사단 윤 일병 사건, 급식 문제 등을 두고 말하는 것이었다. 한편으로는 공감이 가면서도 한편으로는 육군 간부의 일원으로서 막중한 책임감을 느껴 쥐구멍에라도 들어가고 싶은 심정이었다. 더구나 최근의 급식 문제와 함께 불거진 인권, 열악한 부대 환경, 소통 부재 등과 관련된 문제는 2014년 윤 일병 사건 이후 병영문화혁신위원회가 구성되어 대대적인 제도 보완을 했음에도 6년 만에 다시 등장한 이슈였기에 같은 형태의 사건이 반복되는 것은 아닌가 하는 우려를 자아내게 했다. 그렇다면 왜 이런 일들이 근본적으로 해결되지 않고 반복되는 것일까? 여러 가지 원인이 있겠지만 필자는 어떤 사안에 대한 정확한 진단과 추적이 이루어지지 않기 때문이라고 생각한다. 조금 풀어서 말하면 정확한 데이터에 근거한 분석과 이를 지속적으로 평가 및 관리하는 기능이 부재했기 때문이다. 이와 관련하여 나는 미국의 총괄평가국ONA, Officer of Net Assessment의 역할과 이를 이끈 앤드루 월터 마셜Andrew Walter Marshall에 주목하고 싶다.

앤드루 월터 마셜은 1921년 디트로이트에서 태어났다. 어린 마셜은 호기심이 많았고 독서를 매우 좋아했다. 10대임에도 불구하고 당시 고가의 브리태니커 백과사전을 사기 위해 용돈을 모았다고 하니 책에 대한 욕심이 대단히 컸던 것 같다. 후일 마셜은 토인비Arnold Toynbee의 책을 통해 역사와 역사 속의 다양한 문화, 그리고 문명의 흥망성쇠 등 세상에 대한 폭넓은 시각을 갖게 되었다고 털어놓았다. 1960년대까지는 RAND 연구소에서 근무하다 1973년부터 ONA를 맡게 되었다. 당시는 미·소간 군비 경쟁에서 미국이 불리해지는 것만 같았다. 미국은 베트남에서 벌어지는 끝없는 전쟁에 엄청난 자원과 인력을 투입했지만 갈수록 확산하는 반전 여론은 국방 자체에 대한 반대 여론으로까지 번져 갔다. 소련은 국방 예산 면에서 미국을 추월하기 시작했을 뿐만 아니라, 여러 무기 분야에서 서구의 기술적 수준을 따라잡기 시작했다. 마셜은 이러한 환경에서는 총괄평가를 통해 소련과 더욱 효과적으로 경쟁할 전략을 고안할 필요가 있다고 진단했다.[61] '총괄평가'란 미국의 무기 체

61 앤드루 크레피네비치·배리 와츠, 《제국의 전략가》, 살림, p.153.

계, 전력, 정책을 다른 나라의 것과 정밀하게 비교한다는 개념으로, 작전 교리와 관행, 훈련 양식, 보급 등 다양한 환경 아래에서 기존에 알려진 또는 추산된 효율, 설계 관행과 그것이 비용 및 조달 기간에 미치는 영향, 정치, 경제적 영향 등을 모두 계산에 넣는 것을 의미했다. 그러나 그는 당시 국방부 내에 자리 잡은 과학적 의사 결정 시스템인 '체계분석'과는 거리를 두고자 했다. 체계분석은 과학적이기는 하나 대상을 하나하나 쪼개어 분석하는 환원주의적 시각으로, 먼 미래를 내다보는 광범위한 시각을 잃어버리고 가까운 미래를 위한 처방을 내리게 되어 편향된 결과를 낳을 수 있다고 믿었기 때문이다. 따라서 그는 전체론적 접근법을 사용했다.

1975년 마셜이 내린 잠정적 결론에 따르면, 소련의 군사비 지출은 GNP의 6~7% 수준이라는 CIA의 주장과는 달리, 실제로는 10~20%라는 것이었다. 이 보고서에서는 소련 군사 계획의 간접 비용을 열거하면서, 이들이 소련 경제 성장에 미치는 부하負荷를 지적했다. 이 간접 비용에는 민방위, 산업 동원 준비, 이중 목적 투자, 소련 위성국 제국의 유지비 등이 포함되었다. CIA는 1970년대부터 소련의 GNP는 미국의 50~60% 수준이라고 추산했다. 그러나 나중에 알게 된 것이지만, 1970년대와 1980년대의 소련 경제 규모는 미국의 25% 수준을 넘은 적이 없었다. 이는 소련의 군사비 부담에 대한 마셜의 생각이 옳았음을 잘 나타내고 있다. 1980년대 후반 마셜은 소련 경제에 대해 미국 파산법 제11장에서 규정하는 파산 상태의 코앞까지 왔다고 말한 바 있다. 소련의 군사비 부담을 정확하게 알고자 했던 마셜의 바람은 ONA의 특권적 지위와 마셜의 오랜 임기 덕택에 실현되었다. 그는 눈앞에 닥친 문제뿐만 아니라 먼 미래를 내다볼 수 있었고, 냉전의 마지막 10년간 자신이 미국의 전략에 어떻게 기여할지 예측할 수 있었던 것이다.[62] 마셜이 추구한 전략은 경쟁 전략이었다. 구체적으로는 ① 소련이 미국에 비해 훨씬 더 많은 자원을 투입해야 경쟁력을 얻을 수 있는 영역에서의 경쟁을 유도하고, ② 능력을 기르기 위해 미국보다 훨씬 더 많은 투자를 할 수밖에 없는 여건을 조성해 소련이 미국에 덜 위협적이도록 만드는 것이었다.[63] 결과적으로 이 전략은 매우 효과적이었고 소련은 몰락했다. 당시 미국에서 ONA같이 정보계의 영향을 받지 않는 조직은 없었다. 그리고 마셜처럼 분석과 사실을 중요시하는 분석가도 없었다. 1990년대 말 ONA는 중국이 미국의 아시아 태평양 지역 전력 투사를 저지할 목적으로 A2/AD 능력을 전개하기 시작했음을 경고한 미 정부 최초의 조직이었다.[64]

ONA는 결코 큰 조직이 아니었다. 비서관 등 지원 요원까지 합쳐도 20명을 넘어 본 적이 없었다. 그런데도 마셜은 ONA를 통해 그 어떤 사람보다도 불확실한 미래를 멀리, 그리고 확실히 내다보았고 결국 냉전

---

62 앤드루 크레피네비치·배리 와츠, 《제국의 전략가》, 살림, p.234~236.

63 앤드루 크레피네비치·배리 와츠, 《제국의 전략가》, 살림, p.257.

64 앤드루 크레피네비치·배리 와츠, 《제국의 전략가》, 살림, p.359.
A2/AD는 신냉전하 중국의 서태평양 전략으로, 육상 또는 하늘에서의 장거리 화력 투사 수단 또는 해킹, 재밍, EMP 등의 비대칭 수단을 사용하여 잠재 적성국의 해상 접근을 거부하는 것을 목표로 한다.

의 종식에 크게 기여했다. 이는 마셜을 국방부에 41년간 복무할 수 있게 허용해 준 미국의 포용적 문화, 그리고 마셜 자신의 끊임없는 노력의 결과였다. 대한민국 국방부 혹은 육군에 일반 기능직이 아닌 고위 정책 또는 전력을 담당하는 사람이 과연 41년을 복무할 수 있을까? 정책 또는 전략을 담당하는 사람은 정부가 바뀌면 교체되는 것이 당연하게 받아들이고 있지는 않은가? 그러나 미국의 ONA 사례에서 우리가 배워야 할 점은 어떤 사안에 대해 일관된 관점을 가지고 지속적으로 분석하고 관리하는 것이 중요하다는 점이다. 과연 우리의 현실은 어떠한가?

육군은 미국의 LTC 운용에 자극받아 1998년부터 KCTC 사업단을 만들어 한국형 훈련장 및 훈련 방법의 개발에 많은 노력을 기울여 왔다. 그 결과 강원도 홍천에 대규모 부지를 마련하고 2002년도에는 '과학화 훈련단'을 창설, 2005년도부터는 대대급 전투 훈련을, 2018년부터는 여단급 전투 훈련을 수행해 오고 있다. 대대급 훈련은 19년째, 여단급 훈련은 6년째 진행해 온 셈이다. 필자는 지난 19년간 대대급 훈련을 통해 분석한 데이터의 관리가 어떻게 되고 있는지 궁금해서 관련 기관에 그 데이터를 어떻게 보관하고 활용하는지 문의하였다. 결과는 훈련 데이터가 체계적으로 관리되고 있지 않다는 것이었다.[65] 대대급 훈련은 시

65 대대급 훈련 데이터는 자기테이프 형태로 보관되어 있어 적시적 활용이 제한되고 있으며, '18년도부터 시행한 여단급 훈련 데이터도 서버 용량의 제한으로 1년 보관용만 파일 형태로 검색이 가능하고 나머지는 자기테이프 형태로 보관하고 있음. 따라서 개별 부대의 훈련 후 사후강평 자료로 활용하여 부대원의 훈련 수준 향상에는 기여하였으나 육군 차원의 빅데이터 분석 등을 통한 전술훈련 개념, 무기 체계, 조직편성 등의 발전을 위한 성과에는 한계가 있었을 것으로 판단됨.

행한 지 오래되었지만 데이터가 정형화되어 있지 않아서, 여단급은 폐쇄적으로 관리되어 활용이 제한되어 있다는 것이었다. 안타까운 일이었다. 대대급 훈련을 19년간 실시했다면 방대한 데이터가 축적되었을 것이고, 이를 분석하면 대대급 전술 발전은 물론, 편성, 무기 체계 등 관련 분야에 대한 전투 발전 소요가 엄청나게 많이 도출되었을 텐데, 대단히 아쉬운 일이다. 이와 관련하여 미 육군의 사례는 우리에게 또 다른 시사점을 준다. 미 육군은 훈련 센터에서 이루어지는 학습을 포착하고 이를 전 육군에 확산시킬 목적으로 포트 레븐워스에 육군전훈센터 CALL, Center for Army Lessons Learned를 만들었다. CALL은 실제 작전에서 교훈을 찾아내는 등 자신의 영역을 넓혀 왔다.[66] 1994년 소말리아에도 전개된 적이 있었던 제10산악사단이 아이티에 파병될 때는 CALL팀이 제10산악사단이 주둔하고 있는 뉴욕 포트 드럼으로 날아가 사단장 및 각 부대 지휘관과 함께 아이티로 파병될 모든 장병에게 아이티 관련 지식을 전수했고, 온라인 데이터베이스를 활용토록 했다. 그뿐만 아니라 훈련센터에 방문하여, 그곳 관찰통제관 요원과 함께 장병들이 아이티와 비슷한 조건에서 임무를 연습할 수 있도록 훈련 환경을 조성했다. 이와 같이 미 육군은 야전 부대의 임무와 훈련 센터에서의 훈련이 유기적으로 연계되도록 지속적으로 관리하였을 뿐만 아니라 그 결과를 데이터베이스화하여 전 육군이 공유하도록 하였다. 우리의 상황과 너무 대조적이지 않은가? 그런데 문제는 여기에 국한되지 않는다. 얼

---

66 고든 R. 설리번, 마이클 V. 하퍼, 《전쟁과 경영》, 지식노마드, p.381.

마 전에 과학화훈련단에서 〈KCTC 종합발전방안〉이라는 보고서를 접하게 되었는데, 이 보고서에도 데이터의 중요성에 대해서는 언급이 없다는 점이다. 보고서에 언급된 주요 과제를 살펴보면, 마일즈 장비 전력화 및 추가 확보, 훈련장 추가 확장, 간부들 사기 진작 및 처우 개선, 보급 및 정비 여건 개선, 홍보관 신설 등 주로 하드웨어적인 것에 치중해 있었다. 물론, 훈련 결과에 대한 데이터는 과학화훈련단을 통제하는 교육사 또는 그 데이터를 관리하는 육군 차원에서 접근해야 할 사안이라 위 보고서에서 누락되었을 수도 있으나 훈련단 차원에서도 데이터의 중요성을 인식하고 발전 방안을 건의했으면 좋았을 것이라는 생각이 들었다. 만약 최초 창설시부터 ONA같은 기구가 있었다면 과연 지금처럼 훈련 데이터가 관리되었을까? 아마도 지금보다는 훨씬 효율적으로 데이터를 관리했을 것이고, 그 효과를 톡톡히 보고 있을 것이다. 데이터는 그 가치를 아는 사람이 어떤 데이터를 어떤 목적으로 사용할 것인가를 알고 최초 설계부터 그 값을 정해 주어야 수집이 쉽고 활용성도 높다. 지금처럼 그냥 쌓아 놓는 것은 대단히 전근대적 방식이다. 이렇게 쌓여 있는 데이터를 활용하기 위해서는 또 다른 예산과 시간을 투입해야 한다. 기왕 하는 일에 왜 최초부터 전문가가 개입하여 체계적으로 시행하지 못하는 것일까? 내가 기업의 CEO라면 과연 돈이 될 수 있는 기업의 영업 실적 데이터를 이렇게 관리하고 있을까?

앞에서도 언급했듯이 현재 야전 부대에서는 용사들의 급식 문제로 많은 어려움을 겪고 있다. 그래서 올해는 국방부 전반기 주요지휘관회의에서 급식 환경 개선 관련 문제가 주요 의제로 다루어졌다. 그런데 국방부의 대책을 보고 궁금증이 생기지 않을 수가 없었다. 급양관리관 및 조리병을 올 7월 1일부로 편성 보강한다는 내용이었다. 다시 말해, 급양담당관은 현재 589명에서 483명을 늘려 1,072명으로, 조리병은 현재의 6,422명에서 2,452명을 늘려 8,874명으로 증강한다는 계획이었다. 급양담당관을 늘린다는 것은 현재 국방개혁의 추세를 볼 때 현역을 줄이고 군무원 및 민간 인력을 늘리는 추세이니 이해할 수 있었다. 그러나 현역 용사를 2,452명 늘리는 것은 쉽게 이해할 수 없었다. 조리병으로 소요되는 정원이 어디서 나왔는지 확인했더니 행정병 1,392명, 운전병 1,060명을 삭감해서 전환한다는 것이었다. 그렇다면 묻고 싶다. 만약 이번에 급식 사태가 발생하지 않았다면 2,452명의 행정병과 운전병은 그대로 현재의 임무를 수행하도록 계획된 것이었는지? 아니면 전투병으로 전환하도록 계획되어 있었는지? 만약 그대로 놔두기로 했다면 이번 조치로 꼭 필요한 행정 및 운전 직위를 삭감함으로써 전체 전투력 수준을 하향 평준화시키는 것일 것이고, 전투병으로 전환하기로 계획하였다면 이번에 조리병으로 전환되는 만큼 전투 직위의 전투력 보강이 제한되는 것이다.

현재 야전은 경계병이 부족해 심각한 문제에 직면해 있다. 오죽했으면 3군단과 8군단을 통합[67]하는 문제도 '과학화경계시스템'의 장비 문제로 병력이 부족하여 계획보다 지연되고 있겠는가? 육군 차원에서 생각할 때 중요한 것은 경계병이지, 조리병이 아니다. 조리병은 외부에서

---

67 3군단과 8군단을 통합하는 문제는 2023년 완료되었다.

조달할 수 있는 가능성이 훨씬 많은 비전투 분야이다. 국방개혁을 추진하면서 그토록 '군복 입은 사람은 전투 현장 앞으로, 비전투 인원은 민간 인력으로 대체하겠다'라고 강조하면서 왜 이번에는 조리병 증강과 관련해서 국방개혁에 미치는 영향은 언급이 없는 것인가? 언론에는 행정병과 운전병이 삭감되는 것으로 알려졌지만 실상은 경계병이 삭감되는 것일 수도 있고, 어쩌면 그 행정병, 운전병은 정말 줄이지 못해 남겨진 필수 인력일 수도 있다. 그런데 그런 내용에 대한 구체적 데이터로 된 설명이 없다. 이것은 '풍선 게임'의 일종일 수 있다. 2019년 동해안에 목선 사건이 발생하자, 그때는 경계 강화를 위해 4교대 근무가 가능하도록 경계병을 증가 편성하라고 해서 경계병을 대폭 늘렸다. 그리고 이번에는 급식 문제가 불거지니 조리병을 늘리겠다고 한다. 결국 그때그때 땜질식으로 당면한 문제를 해결하겠다는 것으로 생각할 수밖에 없고, 이것은 결국 '풍선 게임'에 불과한 것이다. 어디를 누르면 어디는 들어가고, 어디가 나오면 어디가 들어가는 풍선 말이다.

부실 급식의 문제에서 조리병 부족의 문제가 과연 얼마나 큰 비중을 차지할까? 용사들이 먹고 남기는 잔반은 얼마나 되는가? 왜 용사들은 잔반을 남기고 PX로 가서 군것질을 하는 것일까? 용사들이 원하는 메뉴를 지급하지 못하는 것은 조리병의 문제인가 조리 환경의 문제인가? 해·공군과 주둔지별 근무 여건이 다른데 동일한 방식으로 육군의 조리병 편제가 반영되는 것이 과연 합리적인 것인가? 이런 의문에 대한 정확한 데이터가 있어야 한다. 정확한 근거에 의한 평가를 기반으로 업무를 추진해야 혹, 나중에 업무가 잘못됐더라도 이를 쉽고 빠르게 수정

보완할 수 있다. 정확한 데이터에 기반한 업무 추진 없이 시행하다 여론이 좋지 않으면 다시 방향을 전환하고, 또 여론이 좋지 않으면 방향을 전환하는 식의 업무 추진은 개선되어야 한다. 미국의 ONA같이 총괄분석적 차원에서 정확히 분석하여 얻는 것과 잃는 것을 정확히 도출하고, 이것이 우리가 정말 가야 할 방향을 제대로 가고 있는가를 객관적으로 따져봐야 한다. 언론이나 정치인들의 정치적 언급에 너무 민감하게 반응하는 것은 아닌지 잘 따져 봐야 하며, 만약 본래의 길에서 벗어났다면 솔직히 설명하고 국민과 언론의 이해를 구해야 할 것이다. 정치인들은 인기를 따라가고 여론은 당시의 시류에 편승하는 경우가 많다. 포퓰리스트들은 정치인과 언론에 민감하다. 그러나 군인은 데이터에 민감해야 한다. 객관적 데이터를 근거로 결정하고, 그 근거를 남겨놓아야 한다. 설령 잘못된 결정이었더라도 말이다. 그래야 후배들이 우리의 잘못을 시정할 수 있다. 우리는 데이터를 믿어야 한다.

3. 건전한 비판 세력 구축

자유민주주의 국가의 가장 큰 장점은 건전한 비판을 허용한다는 점이다. 비판은 어떤 판단을 정상적으로 판단하도록 돕는 역할을 한다. 비판이 허용되지 않는 사회는 그 사회의 문제점이 내부적으로 잠재되어 있다가 임계점에 다다르면 폭발하게 된다. 그리고 그 폭발에 이르기까지의 고통은 오로지 그 사회의 구성원들 몫이다. 자유민주주의 국가는 누구나 자기 생각을 자유롭게 말할 수 있고, 통치자가 잘못되었을 경우 선거를 통해 바꿀 수 있다. 반면 왕정국가에서는 왕이 죽기 전까지는 교체할 수 없기 때문에, 왕이 마음에 들지 않으면 죽이는 수밖에 다른 방도가 없다. 또한 왕정국가는 아니더라도 오늘날의 공산국가에서는 자유로운 비판이 허용되지 않아 학문, 경제 등 많은 분야에서 경쟁력이 떨어지고 있음은 독자들이 잘 알 것이다. 군대 내에서도 마찬가지이다. 자신의 이름과 직책 등을 걸고 공개적으로 제시하는 비판은 더욱 장려해야 한다. 그래야 건전한 판단에 도움이 된다. 노나카 이쿠지로의 『일본 제국은 왜 실패하였는가?』라는 책에는 다음과 같은 내용이 기술되어 있다.

> 일본군 엘리트 중에는 하나의 개념을 창조하고 이를 실제 작전에 옮길 수 있는 사람이 거의 없었다. 작전 계획서에는 '전기가 무르익었음', '결사 임무를 수행하여 성지에 따를 것', '천우신조', '신명의 가호'등과 같이 추상적이고 허무맹랑한 문구로 가득할 뿐, 그 문제를 구체적으로 어떻게 실현할 것인지에 대한 방법론을 찾아볼 수 없었다. 임팔작전 당시 15군 사령부에서 열린 회의에서 '우스이'보급참모가 보급이 원활한 것 같지는 않다고 말하자, 무타구치 사령관이 벌떡 일어나서 '뭐라고? 그딴 걱정은 하지 마, 적을 만나면 총구를 하늘에 대고 3발만 쏘아 보라고! 그러면 자동으로 항복하게 되어 있어!'라면서 자신만만해했고, 이로 인해 식량을 현지에서 조달한다는 방침이 통과되고 말았다. 그리고 식량과 탄약의 부족은 일본군이 패한 결정적인 원인이 되었다.

당시 일본군에 있어서 상급자의 의도에 어긋나는 의견을 제시한다는 것은 상급자에게 불충不忠하는 것이었고, 조직의 단결을 무너뜨리는 것이었다. 이런 분위기는 당연히 건전한 비판을 수용할 수 없도록 만들었다. 이 책의 저자 노나카 이쿠지로 역시 그 부분을 일본군이 패한 결정적인 원인으로 지적하고 있다. 그리고 건전한 비판 세력의 부재는 현재 우리 군이 추구하고 있는 '임무형 지휘'에도 역행하는 것이다. 일방적 지시와 일방적 순종은 상황을 객관적으로 파악하는 것을 방해하고 자신 또는 자신들의 지휘관에게 유리한 방향으로 판단하게끔 상황을 주관적으로 조작하려고 한다. 따라서 건전한 결심을 저해한다. 또한 일사불란한 의견일치가 원활한 의사소통을 의미하는 것도 아니다. 건전한 비판을 수용할 수 있어야 예상치 못한 돌발 상황까지도 대비할 수 있는 역량도 강화할 수 있고, 그래야 비로소 원할한 소통도 달성된다. 그런 의미에서 건전한 비판 집단은 반드시 있어야 한다.

가장 먼저 군 내부적으로 비판을 수렴할 수 있는 분위기와 제도적 뒷받침이 필요하다. 필자가 대령으로 육군참모총장 비서실에 복무할 때는 당시 총장님께서 의도적으로 레드팀red team을 운용하셨고, 필자도 육군종합행정학교장으로 재직할 당시, 예하 단장 중에서 가장 선임 단장에게 레드팀으로서의 역할을 하도록 임무를 부여하기도 했다. 그들이 해야 할 일은 보통 사람들이 당연하게 생각하는 것, 또는 생각하지 못하는 것, 우리가 보지 못하는 것, 또는 생각하지 못하는 것, 우리가 실수하고 있는 것, 또는 간과하고 있는 것 등을 사전에 확인하여 지휘관에게 보고하는 일이었다. 당연히 지휘관에게 듣기 좋은 보고 내용은 전혀 아니다. 오히려 지휘관이 듣기 싫어하고 불편해하는 것을 보고해야 한다. 물론, 레드팀의 역할이 그 효과를 달성하기 위해서는 듣기 싫은 내용이라도 이를 수용할 수 있는 지휘관의 자세가 우선해야 한다. 듣기 싫은 내용이라고 해서 지휘관의 얼굴색이 변한다고 하면 그 이후 레드팀의 역할은 크게 위축될 것이다. 두 번째는 앞에서도 언급했지만 군 내부적으로 다양한 쟁점에 대해서 부담 없이 의견을 제시하고 이에 대해 반박할 수 있는 열린 토론의 장을 만들어야 한다. 필자는 여기서 독일의 철학자 위르겐 하버마스Jürgen Habermas의 '공론장 이론'[68]에 주목하고 싶다. 그는 유럽에서 민주주의가 발전하는 데 공론장의 역할이 지대했다고 주장했다. 즉 자유롭고 공정한 공적 토론이 보장될 때 보다 합리적인 의사소통을 할 수 있으며 이에 근거해서 합의에 이를 수 있다는 것이다. 그는 여기에 더해 유럽의 공론장으로서 유럽통합의 의미와 추진력을 강조했는데 이는 공론장의 기능을 통해서 통합된 유럽은 민주주의의 결핍을 극복할 수 있으며 참여민주주의를 확대, 발전시킬 수 있다고 보았기 때문이다. 마찬가지로 군 내부에서도 이런 공론장이 형성되어야 한다. 고전적 자유주의 정치사상가였던 존 스튜어트 밀John Stuart Mill(1806~1873)은 양심과 취향의 자유, 집회와 결사의 자유 등 여러 종류의 자유 중에서도 개인적인 견해와 사상을 마음대로 표현할 수 있

---

68 일반적으로 소통이 이루어지는 장으로 볼 수 있다. 하버마스는 공론장의 기원을 17~18세기 영국과 프랑스의 커피 하우스와 살롱 등에서 찾았다. 그 당시 커피 하우스와 살롱 등은 정치적 공론장으로, 그곳에서 발행하는 서신, 뉴스레터, 저널, 수기 신문 등은 여론을 조성하는 기반이 되었다.

는 언론의 자유를 가장 으뜸으로 꼽았다. 표현의 자유가 가장 먼저 보장되어야 하는 이유는 그것이 개인과 사회에 매우 유용하기 때문이다. 어떤 의견은 틀릴 수도 있지만 바보 같은 견해에 내포된 부분적 진리의 가능성을 무시할 수는 없기 때문이다. 더불어서 다양하고 모순적인 견해를 둘러싼 논쟁이 원천적으로 봉쇄된다면 진리는 독단적인 도그마dogma로 변질되어 사회나 조직이 발전할 수 있는 활력을 없애기 때문이다. 군의 발전과 군의 미래에 대한 담론을 담아낼 수 있는 공론장이 형성됨으로써 군 공동체는 그러한 담론을 통해 자신들의 정체성을 더욱 견고히 할 수 있는 지식을 얻게 되고 또한 변화하는 시대에 새롭게 대처할 수 있는 능력도 키울 수 있을 것이다.

필자가 대령으로 육군본부에 복무할 당시 김용우 총장님께서는 '육군미래혁신센터'를 무척 아끼시면서 많은 임무를 주셨는데, 당시 그 센터에서 '알톡방'이라는 공개 토론방을 운용했었다. 이곳에서는 신분, 계급, 부대를 떠나 다양한 계층에서 육군의 미래를 위해 활용할 수 있는 대단히 참신하고 다양한 의견들이 제시되었다. 이를 좀 더 활성화하고 제도화해서 제시된 내용 중 몇 가지를 선별 후 육군 전체의 의제로 확대하여 토론하거나 정책에 반영하고, 이를 다시 '피드백'하는 활동이 있었으면 좋겠다. 아울러 군 내 군사 잡지에 이런 토론의 장도 마련하여 다양한 사람들이 기고문을 쓸 수 있도록 형식적 제한 사항을 과감히 탈피하고 좋은 내용을 기고하는 사람에게는 포상하도록 하는 방안이 필요하다. 특히 매번 주제를 바꿔 가면서 돌려막기식으로 기사를 게재할 게 아니라, 같은 주제를 가지고 지속적으로 내용을 실어 줌으로써 깊이 있는 내용이 될 수 있도록 특별한 관심이 요망된다. 편집자가 사전에 기획해서 시리즈물로 내용을 싣는 것이 아니라, 독자들이 의견을 제시하도록 유도하되 1월 호에 60%의 깊이가 있었다면 2월 호에는 70%의 깊이가 있게 하고, 3월 호에는 80%의 깊이가 있게 하여 어떤 주제를 선택하든 시간이 갈수록 그 주제가 점진적으로 발전할 수 있도록 해야 한다. 만약 깊이를 깊게 파고 들어갈 수 없다면, 그 넓이를 더 넓게 하는 방안도 있다. 매번 색다른 내용을 넣어서 그냥 소개 또는 홍보하는 식의 내용 전개는 논의의 진전에 전혀 도움이 되지 않는다. 아울러 현역이 아닌 예비역, 민간인 등도 관심이 있는 사람은 참여할 수 있도록 그 참여의 폭을 넓게 개방하여 관심과 사고의 폭을 넓힐 필요가 있다. 우리나라에는 우리가 모르는 밀리터리 매니아들이 생각보다 많고 그들의 열정 또한 대단하다. 그런 사람들의 지식을 군 내부에서 흡수할 필요가 있다. 마지막으로 꼭 필요한 것이 군 외부에 있는 건전한 비판 세력의 존재이다. 물론 현재도 군 관련 단체는 많이 있지만 필자가 생각하는 그런 역할을 하는 외부 단체는 없다. 필자가 생각하는 단체는 군부대에 위문금이나 위문품을 전달하는 역할이 아니라, 군인이 군인의 역할, 군부대가 군부대의 역할을 잘 할 수 있도록 도덕적, 윤리적, 가치지향적 판단에 도움을 주고, 그들이 현재 하는 일들에 대해 냉정하게 평가하여 이를 국민과 장병들에게 알려주는 그런 단체를 의미한다. 여기서 가장 중요한 것이 냉정하고 객관적 평가를 할 수 있는 능력과 그 능력을 기반으로 자발적으로 만들어지는 권위이다. 그렇게 하기 위해서는 우선 그 단체가 재정적으로 독립이 되어야 하고, 두 번째는 건전한 윤리 의식을 겸비한 전문가 집단이 필요하다. 두 가지 모두 결코 쉽지 않은 일이다. 그러나 우선 재정적 자립이 먼저 이루어진다면 뜻을 같이하는 사람들은 모을 수 있을 것 같은 생각이 든다. 어찌 되었든 군인도, 군도 객관적 평가를 받을 수 있어야 하고 역사의 심판을 받아야 한다. 그래야만 철학도 능력도 없는 장교가 고위 장교로 임명되어 국민의 세금을 낭비하고 군을 욕 먹이는 일이 발생하지 않을 것이어서다.

4. '지금, 여기'에서 벗어나기

미 육군의 제32대 참모총장을 역임했던 고든 R. 설리번Gordon R. Sullivan의 저서 『전쟁과 경영』이라는 책에는 다음과 같은 말이 나온다.

> 냉전 이후의 세계라는 도전과 씨름하면서 나는 나 자신을 미래에 위치시키는 한편, 내 마음의 눈을 통해 뒤돌아보려고 노력했다. 미래에 있는 자신을 상상함으로써 나는 오늘이 주는 압박감과 미래가 왜 불가능한지를 설명하는 부정적인 의견들을 무시할 수 있었다… 내일에서 돌아본 길의 모습과 오늘에서 돌아본 길의 모습은 아주 달랐다. 오늘을 통해 볼 경우, 우리 앞에 놓인 도로는 특별히 튀어나온 데 없이 직선처럼 곧게 뻗어 있다. 반면 미래를 기준으로 삼을 경우, 어떤 도로가 가장 중요한지 나아가 어떤 도로가 좀 더 큰 향상으로 이끌어 줄지를 쉽게 볼 수 있다.

다시 말해서 과거를 바라보되, 오늘의 시각에서 바라보지 말고 한 단계 더 나아가 미래의 시각에서 오늘과 과거를 바라보라는 메시지였다.

이렇게 바라보면 오늘이라는 눈가리개를 벗어 던지고 오늘의 현실로부터 자유로운 미래를 바라볼 수 있다는 의미였다. 한편 필자는 이렇게 시각을 바꾸게 되면 설리번이 언급한 장점 외에도 '오늘'을 좀 더 폭넓고 객관적으로 바라볼 수 있게 되는 장점도 있다고 생각한다. 그것은 마치 우리가 훈련을 마치고 강평을 할 때 사후검토조정관이 훈련의 처음부터 끝까지 전 과정을 관조하고 제3자, 즉 관찰자의 시각에서 공자攻者와 방자防者 모두의 행위에 대해 포괄적이고 객관적으로 현상을 바라볼 수 있는 것과 같다. 구체적 현실의 상황에 직면한 행위자는 자신이 처한 위치를 객관적(관찰자적) 상황에서 파악하기가 어렵다. 그러나 공자와 방자를 한눈에 내려다보고 있는 관찰자는 더 넓게 객관적 시각에서 바라볼 수 있다. 우리에게는 이러한 시각이 필요하다는 의미이다.

용사들에게 핸드폰을 병영 내에서 소지할 수 있도록 허용하게 된 경우를 예를 들어 설명해 보겠다. 용사들에게 핸드폰을 주기로 결정하기 전에는 분명히 장단점을 분석하였을 것이고, 결론적으로 단점보다

〈그림 17〉 미래에서 뒤돌아 보기

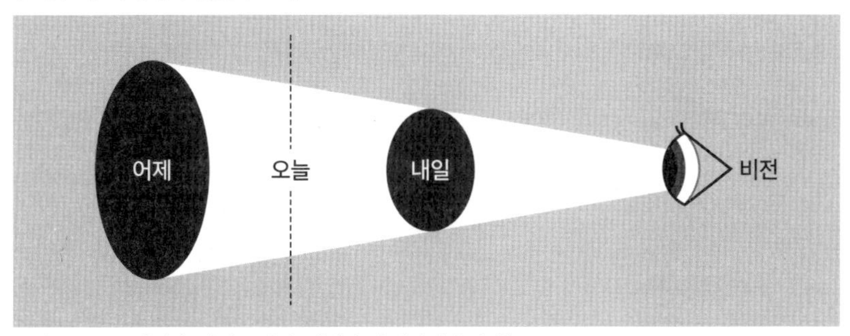

출처 : 고든 R. 설리번, 마이클 하퍼, 김영식 역, 《전쟁과 경영》, 2019

는 장점이 많다고 판단하였기에 핸드폰 휴대를 허용하기로 했을 것이다. 제시된 단점은 군 보안 문제, 불법 도박, 유해 사이트 접속 등으로 인한 폐해, 조직보다는 개인적 성향의 증대 등 여러 가지가 있었을 것이고, 강점으로는 부모, 가족, 친구 등과의 소통으로 병영 고립감 해소, 그리고 이로 인한 각종 사고 감소, 핸드폰이 가지고 있는 각종 긍정적 기능의 효과적 활용 등 여러 가지가 있었을 것이다. 그러나 그중에서도 가장 큰 방점을 찍은 것은 사회와의 소통을 통한 고립감 해소로 조기에 병영 생활의 안정을 찾는 것이었을 것이다. 실제로 1년이 지난 후 확인한 바에 따르면 긍정적 효과가 나타난 것으로 확인되었다.[69] 그러나 필자는 조금 아쉬운 부분이 이때 시각을 좀 더 넓혀 미래의 시각, 즉 향후 5~10년 앞에서 뒤를 바라보고 검토했더라면 더 좋았을 것이라는 생각이 든다. 우선 미래의 육군 용사들에게 휴대폰은 필수 장비가 되어야 하고, 궁극적으로는 워리어 플랫폼의 일부분이 되어야 한다고 생각한다. 따라서 장기적으로는 전투 및 평시 활용이 다 가능하도록 소요가 제기되어 중·장기 계획 등에 반영했어야 하고, 단기적으로는 앱을 설치한다든가 스티커를 부착하는 등의 현실성이 없는 방안보다 더 근본적인 해결책을 마련했어야 한다는 점이다. '지금'을 벗어나 미래에서 오늘을 바라보는 시각과 함께 '여기'라는 좁은 테두리 안의 시각에서 벗어나 더 넓게 바라볼 필요가 있었다. 필자가 알아본 바로는 모 통신사

69 한국국방연구원(KIDA)이 주관한 '장병 인식 조사'결과에 따르면 심리적 안정(95.9%), 군 복무의 임무 몰입도 증가(75.7%) 등의 긍정적 효과가 있으며, 특히 군 복무에 대한 불안과 스트레스 해소에 긍정적 영향을 미친 것으로 파악되었다.

에서는 과거 수신 전용 핸드폰을 일선 부대에 보급하면서 1대에 1원씩 으로 납품을 한 사례도 있으며, 향후 군에 입대하는 전 장병에게 무료로 1대씩 나누어 줄 수 있느냐는 질문에 그럴 의향이 있다고 답변하기도 하였다. 물론 휴대폰을 제공한 해당 통신사를 사용하는 조건, 즉 핸드폰 사용료를 지불하는 조건에서이다. 즉 국방부 차원에서 통신사와 협약만 잘 하면 문제가 되는 보안 문제를 근본적으로 해결할 수 있는 용사 전용 핸드폰을 공짜로 나누어 줄 수 있으며, 더하여 불법 도박, 사기, 음란 사이트 등의 유해 사이트를 근본적으로 차단하여 제2의 사고를 방지할 수 있는 방안도 모색할 수 있었다.

즉, 당시에 공격하는 쪽은 국방부였고, 방어하는 쪽은 기존의 군 간부, 보수적 정당과 언론 및 국민 등 주로 보수적 생각을 갖고 계신 분들이었다. 작전을 하는 국방부 입장에서는 방어하는 쪽의 입장 위주로 생각했을 것으로 보인다. 그러나 미래에서 온 관찰자의 입장에서 본다면 향후 워리어 플랫폼의 필요성도 보일 것이고, 우리나라 핸드폰의 산업 생태계, 핸드폰 제작사, 통신 서비스를 제공하는 통신사, 핸드폰을 이용하여 다양한 사업을 하는 여러 사업체 등의 요소도 함께 생각할 수 있을 것이다. 예컨대, 국방부에서 미래에서 현재를 바라보듯 관찰자적 시각을 가졌더라면 더 많은 선택의 폭을 가질 수 있었겠지만, 당시는 단편적인 검토만 이루어진 것으로 보인다. 따라서 현재는 보안 문제뿐만 아니라 무분별한 SNS 게시물로 인한 민원 제기 문제, 이로 인한 일선 부대 업무량 증대, 군 기강 해이 등의 문제가 대두되고 있을 뿐만 아니라, 근본적인 문제가 해결되지 않으면서 예산만 소요되는 무선통신장

치(NFC, 비콘)를 부대별로 설치하여 추가 관리 소요만 증대되고 있다.[70]

현재의 우리를 객관적으로 바라볼 수 있도록 미래의 시각에서 오늘을 바라봄으로써 '지금, 여기'에서 벗어나야 한다. '지금, 여기'는 포퓰리스트들이 가장 좋아하는 단어이다.

〈달마야 놀자〉라는 영화가 있다. 이 영화에서는 조폭과 스님들이 밑 빠진 독에 물 붓기 시합을 벌인다. 양 팀은 기를 쓰고 물을 길어다 독에 채우지만, 야속하게도 연못에서 물을 뜨고 나르는 동안 독 안의 물은 더 빨리 새어 나간다. '조금만 더 빨리 부으면 돼, 더 빨리, 더 빨리 날라 와'라며 독려하는 박신양과 정진영의 모습이 아직도 눈에 선하다. 그러나 아무리 열심히 물을 길어다 날라도 밑 빠진 독에는 물이 채워지지 않는다. 이 문제를 풀려면 우리가 이미 알고 있는 상식을 뒤엎어야 한다. 『관점을 디자인하라』라는 책을 썼던 박용후 님의 지적처럼 관점을 새로이 하든가, 『예술과 경제를 움직이는 다섯 가지 힘』을 저술했던 김형태 님의 지적처럼 문제를 '재정의'하든가 해야 한다. 영화 〈올드보이〉에서 주인공 최민식은 "누가 나를 가두었을까? 왜 가두었을까?"라는 질문에 집중하나, 이 질문은 최민식이 직면한 문제를 해결해 주지

---

70 NFC(Near Field Communication)란 접촉식 사진 촬영 제한 기능을 위한 장치이고, 비콘은 사진 촬영 제한 기능을 해제하기 위한 블루투스 방식의 장치를 말한다. 국방부에서는 장병들의 핸드폰 무단 촬영 문제를 해결하기 위해 주둔지 단위별로 NFC와 비콘을 각각 2세트씩 보급하였다. 그러나 효과적인 통제가 되지 않자 다시 일선 부대에 제대로 설치하도록 지시공문을 하달하고 확인을 하는 등 야전 부대에 부담을 가중하고 있다. 국방부는 이를 위해 추가 예산을 투입하였는데, 각 세트당 단가는 10만 원 정도로, 전체 사업 규모는 약 25억 9천만 원이었다.

않는다. 해답은 영화 속 "네가 틀린 질문을 하니까 맞는 대답이 나올 리가 없잖아?"라고 말하는 유지태의 대사에서 찾을 수 있다. 다시 말해, "왜 15년 동안 나를 감금해 두었을까?"가 아니라 "왜 15년 만에 나를 풀어 주었을까?"로 질문을 해야 문제를 해결할 수 있다는 것이었다. 마찬가지로 이 문제도 질문을 달리해야 한다고 김형태 님은 말한다. 즉 "어떻게 밑 빠진 독에 물을 채울까?"가 아니라, "어떻게 열린 공간을 물로 가득 채울까?"로 바꿔야 한다는 것이다. 이렇게 되면 쏟아붓는 전략이 아닌, 담그는 전략으로 접근해야 한다. 물로 가득 찬 연못 속에 독을 통째로 담그게 되면 뚫린 독의 공간에도 물이 가득 차기 때문에 밑 빠진 독에 물을 채울 수 있게 된다. 이것이 바로 영화 〈달마야 놀자〉의 주지 스님께서 원했던 답이었다. 영화 속 최민식이나 박신양, 정진영의 모습은 지금까지 우리가 해 왔던 '지금, 여기'에 머물러 있던 시선이다.

집승의 이름 중에 스승 사師자가 붙은 것은 사자獅子밖에 없다고 한다. 스승이란 무엇인가? 스승이란 제자들이 보지 못하는 멀리 있는 것을 바라볼 수 있게 가르쳐 주는 사람이다. 초식 동물은 자기 발밑의 풀만 보고 다닌다. 그러나 초원의 사자는 항상 먼저 지평을 둘러보면서 살아간다. 사자의 눈은 무엇인가를 내다보고 있는 듯한 통찰력과 사물을 조망하는 사색의 깊이를 지니고 있다는 의미이다. 우리도 우리 앞에 직면한 문제에만 매달리는 초식 동물의 시선에서 벗어나 더 멀리 그리고 깊이 바라볼 수 있는 사자의 눈으로 '지금, 여기'에서 벗어나야 한다.

유체역학에 '레이놀즈 수Reynolds number'라는 개념이 있다. 점성과 관성 간의 상대적 비율, 즉 '관성/점성'으로 측정된다. 이 값이 작다는 것은 점성이 상대적으로 크다는 것인데 이때는 유체의 흐름이 질서정연하다. 레이놀즈 수가 아주 커지면 관성이 지배적인 힘이 되어 난류가 발생한다. 그 중간, 즉 점성이 지배하던 단계에서 관성이 지배하는 단계로 넘어가는 과도기에 발생하는 것이 바로 나선형 소용돌이다.[71] 물리학적으로 보면 우리를 둘러싼 자연, 그리고 인간 자체가 다양한 에너지 충돌의 장이다. 양송이를 반으로 절단했을 때 보이는 모양도 소용돌이이다. 이 모양은 강물이 흐르다 갑자기 장애물을 만났을 때 힘과 힘이 충돌해 소용돌이치는 모양과 같다. 그리스 건축에서 흔히 볼 수 있는 이오니아 양식의 기둥에서도 나선형이 핵심 문양이다. 이오니아 기둥에서의 에너지 충돌은 신들의 에너지와 인간 에너지의 충돌이다. 움직이는 하나의 에너지가 다른 에너지의 저항에 부딪히면, 그 에너지가 무엇이든 소용돌이 형태로 휘면서 균형이 잡힌다. 나선형은 비슷해 보이지만 원과 다르다. 원은 단순한 순환, 반복적 순환을 나타내지만, 나선형은 변화, 갈등, 성장의 가능성까지 내포하는 개념이다. 나선형은 동

〈그림 18〉 양송이 버섯과 이오니아 기둥

71 김형태, 《예술과 경제를 움직이는 다섯 가지 힘》, 문학동네, p.273

일한 원의 반복이 아니라 원이란 형태는 유지하되 지름이 다른 원으로 계속 바뀌어 가면서 지속적으로 퍼져 나간다. 그래서 다양성과 통합성이 공존하는 형태다.[72] 아무런 이견도 없고 한 사람 또는 한 가지 생각에만 고착되어 일사불란한 조직은 위험하다. 이런 조직은 극단으로 흐르기도 쉽기 때문이다. 평상시에 끊임없이 파괴되지 않는 조직은 죽은 조직이다. 그게 세상의 원리요 살아 있음의 원리이다. 그러나 항상 변해야 하면서도 동시에 지켜야 할 중심이 있다. 그것은 바로 앞서 언급했던 '가치'이다. 우리 군 조직은 전통적으로 관성보다 점성이 강한 조직이다. 앞으로 치고 나가려고 하면, 그리고 과감히 튀려고 하면 자꾸 뒤에서 잡아당긴다. 비교적 안정된 환경에서 앞일이 예측 가능했던 과거에는 점성이 강한 것이 유리할 수도 있었다. 하지만 현대 사회처럼 불확실성이 증가한 시대에는 치고 나가는 관성의 힘이 필요하다. 그래야 스스로 나선형 파도를 만들어 타고 넘어 성장할 수가 있기 때문이다. 끈적끈적하게 들러붙어 있으면 모두가 비슷비슷해지고 조직의 능력은 하향 평준화되어 열등해진다. 우리 군 조직도 '지금, 여기'로 잡아당기는 점성보다는 '내일, 저기'로 나갈 수 있는 관성이 필요한 때이다. '지금, 여기'에 안주하여 많은 사람에게 좋은 평판을 듣는 군인보다는 욕을 먹더라도 '내일, 저기'로 나갈 수 있게 도전하는 군인이 필요하다. 우리는 인기를 먹고 사는 정치가나 연예인이 아니기 때문이다. 우리가 포퓰리즘에서 벗어나야 하는 이유이다.

---

72 김형태, 《예술과 경제를 움직이는 다섯 가지 힘》, 문학동네, p.262

제2부

육군을 위한 여섯 가지 질문과 제언

세계 최대의 악은 평범한 인간이 하는 악입니다. 그런 사람에게는 동기도 없고, 신념도 사심도 악마적인 의도도 없습니다. 인간임을 거절한 자입니다. 그리고 이 현상을 내가 '악의 평범성'이라고 명명했습니다.

— 『예루살렘의 아이히만』 한나 아렌트 Hannah Arendt

육군 최대의 불행은 생각 없는 군인이 육군의 수뇌부가 되어 시행하는 정책입니다. 그런 사람에게는 동기도 없고, 신념도 사심도 악마적인 의도도 없습니다. 숭고한 사명과 책임을 거절한 자입니다. 그리고 이 현상을 내가 '전문직업군의 부재'라고 명명했습니다.

— 본문에서

I
서론

육군에 복무하면서 육군을 걱정하는 이들이 많다. 아니, 최근에는 현직에 계신 분들보다도 예비역에 계신 분들의 걱정이 더 많다. 고맙기도 하고, 괜한 걱정을 하고 있다는 생각도 든다. 하지만, 적어도 육군을 걱정하는 분들이 많다는 사실은 진보進步니 보수保守니 하는 정치 성향을 떠나서 그만큼 육군에 대한 애착이 많은 것이라고 보고 싶다.

작년 초 유발 하라리의 '21세기를 위한 21가지 제언'이라는 책을 읽고 난 후, 육군을 위한 여섯 가지 제언을 해 보고 싶었다. 그러나 생각만 맴돌 뿐, 실천할 용기가 나지 않았다. 그러나 최근 이덕리 선생의 『상두지桑土志』[01]를 읽고 난 후 용기를 갖게 되었다.

이덕리 선생은 조선 정조 때의 실학자이다. 정조가 즉위하던 해인 1776년, 그의 친형인 이덕사李德師가 사도세자의 복권을 청하는 상소를

01 『상두지桑土志』는 전체 2권으로, 1권에는 둔전屯田과 축성築城 분야를 다루고 있으며, 2권에는 무기, 전술 분야를 다루고 있다. 국가의 재정이 불안정한 상황에서 자신이 구상한 국방 시스템을 구현하기 위해서는 안정적인 군량과 재원을 조달해야 하는데, 이를 위해 둔전을 주장하였으며, 그의 또 다른 저서 『동다기東茶記』에는 차 무역을 통해 재원을 조달할 것을 주장했다. 당시 국방 전략을 수립하는 데 변수로 작용하는 내·외부 상황의 변화 추세를 읽어 내고 각종 군사 관련 서적을 섭렵하여 조선의 재정 상황과 서북 지역의 지형과 기후, 도로 상황 등 각종 군사적 조건에 최적화된 방어 체계와 이를 뒷받침할 특성화된 무기 체계를 갖출 것을 건의했다.

올렸다가 대역부도에 몰려 형은 사형에 처해지고, 그는 이에 연좌되어 진도에서 19년을 귀양살이했다. 다시 영암으로 유배된 그는 그곳에서 2년을 더 살다가 생을 마감하게 된다. 그는 권력과도 관계가 없으며, 현직에 대한 영향력도 전혀 없었다. 그런 이가 먼 바닷가 귀양지에서 해진 옷을 입고 머리카락 속의 이를 잡으면서 69세의 나이에 조선의 국방개혁에 대한 책을 썼으니, 그 책이 바로 『상두지』이다. '상두'란 뽕나무 뿌리를 의미한다. '올빼미는 지혜로워 큰비가 오기 전에 뽕나무 뿌리를 물어다가 둥지의 새는 곳을 미리 막는다'라고 해서, 환란을 방지하는 유비무환의 의미로 많이 쓰인다. 군사학과 전혀 관련이 없이 20년이 넘는 세월을 귀양살이하고 있던 선비가 조선의 국방 개혁에 관한 책을 쓰기도 하였는데, 군복을 입은 지 30년이 넘은 나도 육군을 위한 제언 정도는 할 수 있을 것 같았다. 아니 어쩌면 벌써 했어야 하지 않았을까? 이것이 이 글을 쓰는 이유이다.

Ⅱ

육군을 위한 여섯 가지 질문

1. 우리는 왜 논쟁하지 않는가?

논쟁이란 어떤 주장을 제기함으로써 상대를 설득하거나 이해시키는 것이다. 자기주장의 수단이 오직 말뿐인 경우 이는 말다툼에 지나지 않는다. 따라서 내가 말하는 논쟁이란 적어도 어떤 공식적 출판물 또는 출판 기구를 통한 주장과 공식적인 회의 석상에서 발표된 것으로 특히 군 관련 논쟁으로 한정하여 논하고자 한다.

오늘날 주요 군사 선진국들은 많은 논쟁을 통해 현재까지 군사 문제를 발전시켜 왔다. 먼저 미국의 예를 들어 보자. 1970년대 미 육군은 베트남전의 후유증에 시달리고 있었다. 대규모 감군, 예산 삭감, 대국민 신뢰 추락, 장병 사기 저하 등에 직면하여 심각한 위기의식을 느끼고 있었다. 설상가상으로 1973년에 발발한 제4차 중동전쟁은 미국 지도자들에게 커다란 충격을 주었다. 1967년 6일 전쟁의 패배 이후 중동 국가들은 소련의 원조로 군사력을 급격히 증강하였고, 1973년까지 대부분 소련제 무기로 무장하고 소련식 훈련을 받았다. 그런데 이런 훈련을 받은 아랍군의 기습으로 세계 최강이라고 생각해 왔던 이스라엘군이 초기에 거의 궤멸에 이르기까지 커다란 피해를 입었다. 소련식 무기로 무장하고 소련식 훈련을 받은 아랍군이 이 정도 전투력이라면, 유럽에 주둔하고 있는 소련군의 전투력은 엄청나게 위협적일 것이라고 당시 미군 지도자들은 생각했다. 이러한 시점에 에이브람스Creighton W. Abrams Jr. 장군이 1972년 미 육군참모총장으로 취임했고, 그는 싸우는 방법의 근본적인 변화를 모색했다. 이를 위해 초대 훈련 및 교육사령부TRADOC의 사령관으로 드푸이William E. DePuy 장군을 임명했다. 드푸이 장군은 베트남 전쟁에서와 같은 상황이 반복되지 않기 위해서는 장병들이 신뢰할 수 있는 전술 교리를 정립해야 한다고 생각하여 새로운 전술 교리를 담은 교범을 집필하기 시작했다. 이렇게 해서 1976년 야전교범 100-5(작전)가 발간되었고, 이는 미 육군의 군사혁신을 알리는 신호탄이 되었음은 물론, 이후 활활 타오르는 수많은 논쟁의 불씨를 지폈고 새로운 교범에 대한 논쟁이 미 육군 내·외부에서도 봇물 터지듯 터져 나왔다.[02] 군사혁신에 대한 담론이 군 내외부에 형성되었고, 이는 장병들의 지적 자극으로 이어져 싸우는 방법과 관련하여 다양한 아이디어들이 제시되었다. 능동적 방어active defense, 공지전투air-land battle, 최초 전투에서의 승리win first battle, 현재 상태로 투입come as you are, 종심공격deep attack, 도약적 감시bounding overwatch 등이 이때 제기된 아이디어들이었다.[03] 이러한 논쟁의 과정을 거쳐 1980년대에는 합동성 강화와 관련된 담론이 형성되었다. 합동성 강화와 관련된 담론은 1982년 1월 미 하원군사위원회House Armed Services Committee에서 존스David

---

02 정연봉, 〈군사혁신의 전략적 성공 요인 연구〉 경남대학교 박사학위 논문(2020), p.34.

03 Dunnigan & Macedonia, Getting It Right, p.190

C. Johns 합참의장이 합동참모회의의 개혁 필요성을 주장하면서 촉발되었다. 존스 장군은 하원군사위원회 발언에 이어 1982년 3월 『Armed Forces Journal International』에 '합동참모회의가 바뀌어야 하는 이유는 무엇인가?'라는 제목의 논문을 기고하였다. 1982년 4월에는 육군참모총장 메이어Edward Meyer 장군이 동일한 저널에 기고한 글에서 합동참모회의의 개혁 필요성에 동의하며, 존스 장군과는 다른 접근 방식을 제안했다.[04] 이렇듯 합동참모회의 개혁에 관한 문제가 지속적으로 제기되자, 하원군사위원회 산하 조사위원회는 이 문제를 논의하기 위해 청문회를 개최했고, 하원 의원인 니콜스 의원이 법안을 제기했다. 이 법안은 상원의 거부로 무산되었으나, 새롭게 선출된 상원 군사위원장인 골드워터Barry Morris Goldwater 의원이 개혁을 적극적으로 지지함에 따라 1986년 상·하원 모두를 통과했고, 10월 1일 법안에 서명함으로써 '골드워터-니콜스법Goldwater-Nichols Act'으로 발효되었다. 이 법안의 발효는 미군의 합동성 강화에 큰 기폭제가 되었다.

러시아의 경우, 구소련 시절부터 군사적 문제에 대한 많은 논쟁이 있었다. 1920년대 알렉산드르 스베친Александр А. Свечин은 『전쟁술의 진화』에서 "전략에서 방어란 지역과 종심을 이용할 수 있도록 하며, 이것은 공격하는 적이 공간을 통제하기 위해 힘을 소모하게 하고 공간을 통과하는 데에 시간을 소모토록 한다. 확실한 시간의 이점은 방어의 새로운 플러스 요인이다. 공격은 허위 정보, 두려움 및 타성에 의해 자주

04 정연봉, 〈군사혁신의 전략적 성공 요인 연구〉 경남대학교 박사학위 논문(2020), p.39.

정지하기 때문에 방자는 씨를 뿌리지 않은 곳에서도 수확할 수 있다"라고 방어의 이점을 주장하였다.[05]

또한 제정 러시아의 보병대장 니콜라이 미흐네비치НиколайП. Михневич는 『전략』에서 "방어는 유리하고 전략적이다. 방자는 자신이 전쟁 수단에 근접하여 위치하고 있다. 철수함에 따라 방자의 병력은 더욱 집중되며 장비는 증가하고 그동안에 공자는 그 반대가 된다. 방자는 자국 내에서 공자보다 손실이 적으며 고향을 방어하는 군대의 사기는 더 진지하다"라고 주장했다.[06] 알렉산드르 베르홉스키Александр И. Верховский는 '폴타바 모델'을 고찰하면서 이는 전장에서 거둔 전술적 규모의 성공을 차후 전략적 결과로 확대한 작전·전략적 규모의 행동이며, 의도적으로 후퇴하여 차후의 역습 및 공세이전을 위해 의도적으로 선택한 방어 전략의 상징이라 말했다.[07] 이렇듯 방어 문제에 관심이 있었던 이들과 달리 클라우제비츠의 '섬멸전' 관점에 입각하여 결정적인 공격 행위를 지지한 이가 미하일 투하첸스키Михаи́л Н. Тухаче́вский이다. 그는 1934년 『국경작전의 특징』이라는 논문을 통해서 "전위부대는 선전 포고 이후 국경에서 150~200㎞ 지역에 위치한 적 공항과 적의 착륙 지역, 철도 교차로 및 도로에 대해 폭격기 및 강습기로 광범위한 공격 행동을 개시해야 하며 적의 후방에 공정부대와 유격부대를 투하해

---

05 A.A. 코코쉰(한설 역), 『군과 정치』 p.211.

06 A.A. 코코쉰(한설 역), 『군과 정치』 p.215~216.

07 A.A. 코코쉰(한설 역), 『군과 정치』 p.212.

야 한다"고 하면서 공격 작전의 중요성을 강조하였다.[08] 그의 이러한 주장은 이후 니콜라이 바르폴로메예프Николай Е. Варфоломеев, 알렉산드르 콜렌콥스키Александр К. Коленковский, 예로님 우보레비치Иерони́м П. Уборе́вич, 블라디미르 트리안다필로프Влади́мир К. Триандафи́ллов 등의 연구를 통해 '종심전투'와 '종심작전' 이론으로 발전해 왔다.

60년대에는 전술 수준뿐만 아니라 작전·전략적 수준에서 방어 행동과 공격 행동이 무엇을 의미하는가에 대한 문제를 심도 있게 연구하였으며, 특히 니콜라이 자비얄로프Николай И. Завьялов 장군은 현대전에서 공격을 "여러 종류의 무기 발사대를 전방으로 추진하고 이를 통해 파괴 수단을 발사하며, 강력한 화력과 무기의 타격력으로 적을 타격하는 행동"이라고 정의하여 적을 타격할 수 있는 모든 종류의 무기는 방어에 운용되는 경우에도 공격 수단이라고 주장했다. 이러한 그의 개념은 80년대 들어 '비공격적 방어'라는 전략 개념을 채택하여 바르샤바 조약기구와 나토의 군사 독트린을 모두 바꾸고자 했던 서구와 소련 정치학자들의 제안과 많은 부분에서 일치한다고 평가하고 있다.[09]

70년대에 들어서 이반 유르폴스키Иван И. Юрпольский 장군은 "입체작전"이라는 용어를 사용하면서, 공격 작전이 성공을 거두기 위해서는, 그리고 방어에 말려들지 않고 단기간에 승리를 위해서는 오염 지역

08 A.A. 코코쉰(한설 역), 『군과 정치』 p.128~129.

09 A.A. 코코쉰(한설 역), 『군과 정치』 p.251~252.

과 방어 지대를 통과(핵 및 화력 타격을 뒤따라)하여 지상군 집단 일부를 공중 투하할 필요가 있다고 주장하였다. 그러나 이 주장은 많은 비판에 직면하기도 했다. 1980년대 말부터 90년대 초에 이르러서 이고르 페트로프Игорь Н. Петров 제독은 "핵이 균형을 이루고 있는 상황에서 방어적이라고 하더라도 공격적 잠재력(예방력)을 먼저 사용하는 것은 모험이며 자살행위이다. 최상의 방어는 예방적인 군사행동을 배제한 비공격적 방어이다"라고 주장하며 예방타격 개념에 대해 비판적인 시각을 드러냈다. 그리고 그의 이러한 생각은 미하일 모이세예프Михаил А. Моисеев장군이 작성한 '합리적 (방어) 충분성'으로도 이어진다.

독일의 경우는 더 이상 논할 필요가 없을 정도이다. 오늘날 우리가 잘 알고 있는 '전격전'이니, '임무형 지휘'니 하는 것은 모두 독일군에서 비롯된 개념이다. 유럽 대륙의 중앙에서 프랑스와 러시아의 한가운데에 있는 독일은 늘 양면 전쟁의 위험에 노출되어 있었다. 이러한 지리적 위치에 놓인 독일은 이를 극복하기 위해 내선內線[10]을 최대한 이용하여 양면작전을 성공적으로 수행하기 위해 노력했다. 그러나 내선작전은 시간적 요인에 있어서 매우 큰 위험 부담을 내포하고 있었던 것이, 양쪽 적국 중 하나가 전장에 영향력을 행사하기 전까지 반드시 다른 하나를 속전속결로 격멸해야 한다는 전제조건을 충족해야 했다. 이를 위해 독일군의 많은 장교와 장군들이 논쟁을 벌였고, 몰트케Helmuth Johann Ludwig von Moltke는 내선작전을 획기적으로 발전시킬 수 있는 방

10 부대가 중앙지점으로부터 외부로 나아가는 작전선, 반대 개념은 외선(外線)으로 부대가 외부의 방향에서 특정의 지역에 집중하는 것임.

법을 찾아냈다. 1842년 소책자를 통해 철도가 전쟁에서 승리하기 위해 얼마나 중요한가를 역설한 것이다. 수 세기 동안 존재했던 시간-공간의 제한을 철도라는 새로운 수단으로 극복하고자 한 것이다. 그는 1859년 부대 전개 계획과 철도를 이용한 수송 계획을 결합하는 데 성공함으로써 철도를 전쟁에 도입한 역사상 최초의 인물이 되었다.

독일은 장군만 논쟁에 참여한 것이 아니었다. 1925년 리엔Ludwig von der Leyen대위가 집필한 제병협동 교재는 당시 새로 발간될 육군 전술교범의 기본 개념을 제공했으며, 롬멜 대위가 1936년에 편집한 '보병공격 전술Infantry Attacks'은 총 40만 부가 발간되어 베스트셀러가 되기도 했다.[11] 이렇듯 독일은 많은 논쟁을 거친 후, 최단 시간에 속전속결로 양면작전에 성공하기 위해서는 기동력과 충격력을 강화해야 한다는 결론에 도달하였고, 이것이 전격전을 낳은 요인이 되었다. 또한 이러한 신속한 작전을 위해서는 적시적인 의사소통이 중요했는데, 시·공간적으로 많이 떨어진 야전 지휘관들과 직접 소통은 불가능하였고, 그래서 발전된 개념이 '임무형 지휘'이다. 즉 예하 지휘관들에게 임무 달성을 위한 폭넓은 독단 활용을 보장해 주기로 하였는데, 이러한 지휘 방식에는 두 가지 전제 조건이 필요했다. 첫째는 하급자에 대한 신뢰였고, 다른 하나는 장교단의 일관성 있는 교육 훈련이었다. 이를 위해 독일의 각급 군사 교육기관에서는 일관성 있는 교육이 진행되었고, 독일군의 작전 명령서에는 '상급 지휘관의 의도'라는 항목이 하나 추가되었는데,

---

11 Corum, *The Roots of Blitzkrieg*, p.86~87.

이는 우리 군도 활용하고 있는 부분이다.

이렇듯, 군사 선진국들은 군인들이 주도하여 다양한 군사적 문제들을 논쟁하고 이를 발전시켜 왔다. 그러나 우리의 현실은 어떠한가? 얼마 전에 육군참모총장님을 모시고 인사참모부와 인사사령부 합동 업무보고가 있었다. 그 자리에서 필자는 인사참모부의 '육군 문화 설계' 부분과 관련하여 어떻게 생각하느냐는 총장님의 질문에 아래와 같이 답변했다.

"총장님! 육군이 문화를 설계한다는 표현은 지나친 것 같습니다. 이러한 설계주의적인 생각은 자칫 잘못하면 무엇이든 인간이 설계하면 잘할 수 있다는 이상주의적이고 전체주의적인 접근을 낳을 수 있기 때문입니다. 히틀러도, 스탈린도 가장 이상적인 국가를 설계했지만 실패했습니다…(중략)… 육군이 얼마 전에 육군 가치관을 변경했습니다. 저는 솔직히 과거에 있었던 5대 가치관(충성, 용기, 책임, 존중, 창의)이 더 좋습니다. 그런데 작년에 갑자기 3가지 핵심 가치(위국헌신, 책임완수, 상호존중)로 변경했습니다. 문제는 이렇게 핵심적이면서도 육군의 정체성과도 관련이 깊은 중요한 문제를 어떤 공론화된 논의와 논쟁도 없이 결정했다는 점입니다. 21세기 도약적 발전을 이룩해야 하는 육군에게 왜'창의'라는 가치가 제외되었는지 궁금합니다. 혹시 이 자리에 계신 분들 중 그 이유를 설명해 주실 수 있는 분 계십니까?"

그러나 그 자리에 있던 그 누구도 설명하지 못했다. 육군의 논쟁과 관련된 민낯이요 현주소가 드러난 순간이 아닐 수 없다. 육군이 특정 사안에 대해 치열한 논쟁을 한 사례가 있을까 싶어, 지난 4년 동안의 '3성 장군 회의' 의제를 확인해 보았다. 육군이 전체 육군의 관점에서 주요 안건에 대해 '3성 장군 회의'를 시작한 것은 2018년부터이다. 2018년과 2019년에 각 11회, 2020년에 9회, 2021년에 3회를 실시하여 현재(2021년 4월)까지 총 34회에 걸쳐 152개의 안건에 대한 회의가 있었다. 회의 안건을 주관했던 부서 및 부대는 〈표 18〉와 같다.

〈표 18〉 3성 장군 회의 안건별 담당 부서 및 부대 현황

구 분	계	기참부	인참부	정작부	정책실	혁신센터	교육사	기타
건수	152	8	23	19	26	5	16	55
비율(%)	100	5.3	15.1	12.5	17.1	3.3	10.5	36.2

출처 : 육본 정책실, 《내부자료》, 2021

보는 바와 같이 주요 의제는 정책실 관련 의제가 가장 많았고 다음이 인참부, 정작부 순이었다. 육본 직할부대 중 교육사가 가장 많은 것은 육군의 교육 훈련 관련 의제가 많았기 때문이다.

〈표 19〉 3성 장군 회의 안건의 논의 방향 분석 결과

구 분	계	방법·방안·대책 토의	지시·홍보·강연·간담회	개념 토의
건수	152	111	28	13
비율(%)	100	73.0	18.4	8.6

출처 : 육본 정책실,《내부자료》, 2021

〈표 19〉는 각 안건의 논의 방향에 대한 분석 결과인데, 전체의 73%가 특정 사안 또는 지엽적 부분을 추진하기 위한 방법이나 방안, 대책에 관한 토의(사실 토의라기보다는 해당 부서 또는 부대의 애로 및 건의 사항이 대부분임)였으며, 18.4%는 정부 또는 국방부의 정책을 일방적으로 홍보

하거나 특정 분야에 관한 전문가를 초빙하여 강연 또는 간담회를 한 경우였고, 13%만이 개념에 관한 토의였다. 어떤 의제에 관하여 치열한 논쟁이 되려면 '가치' 또는 '개념'과 관련된 분야에 집중해야 한다. 그런데 그런 경우는 극히 드물고 대부분 자신의 부대 또는 부서의 애로 사항을 건의하는 경우가 많았다. 자신이 지휘하는 부대의 애로 사항은 지휘계통을 통해서 자신의 상급자에게 건의하면 되지, 왜 3성 장군 이상이 모인 이런 귀한 자리에서 언급하는지 모르겠다. 그것은 건전한 토의 문화가 자리 잡지 못했기 때문이고, 평소에 고민을 하지 않기 때문이다. 심지어 어떤 지휘관은 회의 시 자신이 발표할 자료를 부하들에게 만들도록 지시한다. 자신이 발표할 자료를 자신이 준비하지 못할 정도의 역량을 가진 지휘관은 지휘관이 되어서는 안 된다.

나는 지금까지 현역 군인이 제안한 주제를 바탕으로 많은 육군의 구성원이 참여하여 논쟁이 있었던 기억이 별로 없다. 국방개혁은 위로부터 시작된 탑다운Top-Down 식 개혁이었을 뿐, 육군의 목소리를 크게 들어 보지 못했다. 현역 또는 예비역 장성이 육군의 건설과 운영, 또는 싸우는 방법과 관련하여 영향력 있는 출판사나 언론사에서 발표하고 이를 국방정책으로 추진하거나 이를 계기로 치열한 논쟁이 일어난 예를 경험한 경우도 별로 없다. 육군의 지상전 수행개념이 '전 전장 공세적 통합작전'인데 이러한 개념이 결정되기까지 육군에서 어떤 논쟁이 있었는지 알지 못한다. 이런 현실이다 보니 대부분 영관장교도 육군대학을 졸업하고 나면 지상전 수행 개념이 무엇인지 전혀 기억하지 못한다. 왜? 이유는 간단하다. 논쟁하지 않았기 때문이다.

2. 우리는 왜 매번 처음부터 다시 시작하는가?

태양 아래 완벽히 새로운 것이 있을까? 모든 아이디어가 실상 오래된 것이라는 생각은 16세기와 17세기의 과학 혁명 이전에 지식사知識史를 바라보던 지혜의 관점이었다. 역사적으로 유례가 없는 완전히 새로운 것은 고안될 수 없다. 몽테뉴Michel Eyquem de Montaigne는 1850년에 "아리스토텔레스는 모든 인간의 견해가 과거에 존재했으며, 앞으로 수많은 다른 시대에도 그럴 것이라고 말했고, 플라톤은 과거의 생각들이 재생될 것이며, 3만 6천 년 후에도 되살아날 것이라고 말했다."라고 썼다. 현대 로켓 기술의 기본 원칙은 기원전 1세기에 알렉산드리아의 헤론Heron이 발명한 '에오리아의 공'이라는 최초의 증기 장치에 담겨 있다. 많은 작가는 실제로 구현되기 오래전부터 유인 우주 탐사와 스스로 돌아다니는 기계를 상상했다. 이렇듯, 인류의 지혜는 과거의 축적으로부터 나왔다.

위키피디아를 찾아보면 2018년 기준 세계 육군의 군사력 수준에서 대한민국은 미국, 러시아, 중국, 인도, 프랑스에 이어 6위를 차지했다. 인구 대국인 중국, 인도, 러시아, 미국 등을 생각해 보면 인구 5천만의 대한민국 육군이 차지하는 위상이 대단함을 알 수 있다. 그러나 이렇듯 화려한 외형과는 달리 우리에게는 이러한 군사력을 활용하고 발전시키기 위해 축적된 경험이 적다. 우리나라는 미국, 이스라엘 등과 달리 이 땅에서 5천 년 이상을 살아왔다. 그 5천 년의 역사가 바로 주변국들과의 전쟁의 역사이며 이 땅을 지켜 온 역사이다. 그리고 앞으로 전쟁이 발발한다면 이 땅에서 벌어질 전쟁이 가장 중요할 것이다. 따라서 한반도와 그 주변에서 발생했던 전쟁의 역사와 그 교훈은 대단히 중요하다. 그러나 대한민국 장교는 육군대학에서 '6·25전쟁사'만 배우지 고대로부터 구한말에 이르는 전쟁사에 대해서는 더 이상 배우지 않는다.[12] 그러다 보니, 대부분의 장교가 '6·25전쟁사'가 '한국 전쟁사'의 전부인 줄 안다. 한반도 전쟁의 역사가 갑자기 끊어졌다가 1950년 갑자기 생긴 것으로 인식한다. 이러한 인식은 다른 많은 군사 분야의 역사적 전통의 단절을 묵인하게 했다. 군사 분야의 거의 모든 논의에서 창군創軍 이전의 것은 논의의 대상에서 제외되었고, 창군 이후의 논의에서는 역사적 정당성, 합리성 등 본질적 문제보다는 당장의 효율성을 우선하는 분위기가 조성되었다. 그리고 그 결과는 지금까지도 이어지고 있다.

대부분의 간부는 새로운 부대에서 새로운 임무를 부여받았을 때, 과거 전임자들이 어떻게 일했는지 궁금해서 자료를 찾다가 한계에 부딪히는 경우가 종종 있었을 것이다. 거의 모든 자료가 바로 앞의 전임자가 작성한 것 위주이고, 그 앞의 자료는 거의 존재하지 않는다. 공식적으로 등록된 일부 서류철을 제외하고 대부분 자료는 연말 서류 정리를 하면서 폐기되던가 캐비닛 한쪽에 방치되다 사무실 정리할 때 사라진다. 물리적으로 나타난 자료에 대한 축적이 이 정도라면 각자가 느끼고 경험한 업무 노하우와 체험 등의 암묵적 지식의 축적은 아예 생각할 수조차 없다. 더 큰 문제는 후임자가 전임자의 이런 노하우를 필요로 하지 않아도 업무 수행에 별다른 어려움을 겪지 않는다는 데 있다. 실무

---

12 육군대학 교재에는 '한국 전쟁사' 또는 '한반도 전쟁사'는 없고 오직 '6·25 전쟁사'만 있다. 즉 한반도에서 발생한 다른 전쟁에는 관심이 없음을 유추해 볼 수 있다.

자도, 과장도, 처장도, 부장도 다 바뀌고 새로운 사람이 와서 업무 추진의 방향성도 바뀌게 되니, 굳이 전임자의 노하우가 필요하지 않은 것이다. 사람이 바뀔 때마다 그 사람의 의도에 맞게 새로운 업무를 추진하는 것 같지만, 사실은 과거 그 자리에 있던 사람이 했던 일을 비슷하게 반복하고 있는 것이다.

2020년은 건군 72주년이다. 5천 년 역사의 장구함은 뒤로하고, 대한민국 국군 창군을 시작으로 한다고 해도 70년이 넘었다. 그런데 세계 6위의 군사력을 가진 대한민국 육군에게 과연 전략이 있는지 묻고 싶다. 육군본부는 전략 제대인가, 작전술 제대인가? 육군에게 전략이 있다면 누가 어느 부서에서 담당하는가? 독립된 과課도 없이, 전력을 담당하는 과에서 실무자 혼자서 전략을 담당한다면 과연 그것이 육군의 전략이라 할 수 있겠는가? 실태가 이런 이유는 간단하다. 그것은 전략戰略이 아니라 전력戰力에 종속된, 현대화된 무기 체계에 종속된 전력 같은 전략[13]이어서다. 이러한 생각은 눈에 보이지 않는 전략보다는 눈에 보이는 전력을 중시하는 생각이 지배적이어서고, 오랜 시간 경험을 통해서 습득된 우리의 지식과 노하우보다는 매뉴얼화된 외부의 것을 가져다 쓰는 손쉬운 방법을 선호하기 때문이다. 그리고 이는 결국 우리의 생각과 경험으로 이루어진 축적의 중요성을 경시하는 풍조로 이어지게 되었다. 더불어 짧은 순환 보직은 이를 제도적으로 더욱 고착화했다.

---

13 이 같은 표현에 동의하지 못하는 사람도 있을 것이다. 표현의 요지는 육군의 전략이 너무 전력 위주로 치우치고 있음을 지적하고자 한 것으로, 선 개념槪念, 후 전력戰力의 중요성을 강조하고자 한다.

3. 창조적 개념은 누가 만드는가?

대한민국 육군이 탄생한 지 70년이 넘었다. 사람으로 치면 고희古稀가 넘어선 것이다. 나는 70년이 넘는 육군 역사에서 새롭게 탄생한 창조적 개념에 대해 들어 본 기억이 별로 없다. 그나마 나의 기억에 남는 것이 있다면, 월남전 당시 채명신 장군님께서 시행하셨던 '중대전술기지 운용' 개념[14]과 윤용남 총장님께서 추진하신 '육군발전목표/방향'의 세부 과제로 추진되었던 '도로견부 위주 종심방어'라는 지상군 전법, 남재준 총장님께서 시행하신 '장교단 혁명' 정도이다.[15] 『축적의 시간』이라는 책에서 이정동 교수는 우리나라 대학 교수들은 연구는 하지 않고 연구 과제를 따는 데에만 여념이 없다고 지적하였다. 일단 연구 과제를 따 놓기만 하면 평가는 같은 동료 교수들이 하니, 열심히 외부로 출장을 다니면서 아는 사람의 범위를 넓혀야 차기 연구 과제도 확보하기 쉽고, 자기가 평가받는 것에도 유리하기 때문이라고 한다. 이러다 보니

---

14 월남전 당시 채명신 장군은 주민과 게릴라의 수어지교水魚之交 관계를 창군기와 6·25전쟁 당시의 수많은 비정규전 경험을 통해 이미 알고 있었기 때문에 주민의 마음을 얻기 위한 대민지원과 심리전을 주요 작전개념으로 채택하면서 3~4개의 마을을 주야로 통제할 수 있는 지점에 중대 전술기지를 구축하여 주민과 베트콩을 분리(Separate) - 분리된 마을을 심리전으로 확보(Hold) - 인접 부대와의 협조된 작전으로 작전지역을 확장(Spread)하도록 하였다. 이는 한국군만의 독창적인 작전 개념으로 후에 미군은 이를 중동전에서 수행 중인 대반란작전에 참고하여 CHB 모델(Clear 소탕 - Hold 확보 - Build 재건)로 발전시켰다.

15 한 분을 더 추가한다면, 주저 없이 47대 총장을 역임하셨던 김용우 총장님을 들 수 있겠다. 김 총장님 재임 시 육군 비전 2050, 비전 2030의 기초를 놓으셨고, '육군미래혁신센터'를 편성하시는 등 육군의 미래업무 발전에 획기적 전기를 마련하였다. 다만 역사적 평가가 아직 이르다고 판단되어 본문에 언급하지 못하였다.

연구실에서 연구할 시간이 없다. 자리에 앉아서 고민을 해야 창의적인 결과가 나올 텐데, 프로젝트 따고 인맥 넓히기에 시간을 다 써 버리니 정작 창의적 연구 결과는 나오지 않는 것이다. 우리 군도 마찬가지라 생각한다. 우선 실무자들은 앉아서 생각할 시간적, 심리적 여유가 없다. 상급 부대에서 내려오는 지시 사항이 너무 많다. 대부분은 기본 매뉴얼대로 시행하면 되는 것인데, 재강조하고 그나마도 수시로 변경된다.

육군본부 참모총장 비서실 정책과장 사무실에는 역대 과장들의 명패를 넣은 액자가 걸려 있다. 그 액자 안에는 많은 참모총장, 합참의장, 그리고 국방부장관의 이름이 포함되어 있다. 반면 육군이 미래에 '어떻게 싸울 것인가?'를 고민하고, 그 개념을 창조해야 할 막중한 책임을 맡은 교육사령부 전투발전부의 '전투발전 개념과장'의 사무실에는 역대 과장의 흔적 자체가 없다. 전임자에게 물어물어 몇 대까지만을 기억하고 있을 뿐이다. 육군이 '전투발전개념'을 얼마나 등한시하고 있는가를 보여주는 단적인 사례이다. 이런 상황에서 어떻게 창조적인 전투 발전 개념이 나오고, 심도 있는 지상전 교리 개념이 싹트겠는가? 마찬가지 사례로 정보작전참모부 부대 계획과장의 업무도 중요하겠지만 부대 계획의 밑그림을 그리는 개혁실의 부대구조발전과장과 부대개편과장의 업무 중요성이 부각되어야 한다. 그러나 아쉽게도 육군은 그렇지 않은 것 같다. 창조적 개념은 단시간 내에 결과로 나오는 것이 아니다. 장기간 끊임없는 관심과 지속적인 투자가 이루어질 때 가능한 것이다. 육군은 단기 성과에 장기 목표가 가려져 있다.

육본의 과장급 이상 영관장교나 장군단은 실무자의 보고서 내용을 소화하여 발표하기에 급급하다. 자기 개념과 방향성을 갖고 일하는 것이 쉽지 않다. 여기저기 연관된 곳에 참석해야 할 회의체도 많다. 그래서 모두 회의가 많다고 불평한다. 그러나 이는 당연한 것이다. 육군본부는 육군의 다양한 현안이 종합되는 곳이다. 따라서 자기 분야만 독립적으로 업무가 진행될 수도 없을뿐더러 그렇게 해서도 안 된다. 더구나 일반참모부에 근무하는 고위 직위자는 육군에서 벌어지는 모든 일에 대해서 명확한 의견을 제시해야 한다. 그렇게 하기 위해서는 자기 분야의 업무뿐만 아니라 사회 전반에서 발생하는 다양한 이슈에도 어느 정도는 해박한 지식을 갖고 있어야 한다. 즉 부단히 학습하지 않으면 안 되는 것이다. 그러나 우리는 과연 얼마나 학습하고 있는가? 주중에 할 수 없다면 주말에 시간을 내어서라도 학습해야 할 텐데, 과연 그 학습 비중이 어느 정도인지 묻고 싶다. 군인에게 우선해야 할 것은 주어진 직무의 완수이고 다음이 기타 사항이다. 체력 단련도, 인맥 관리도 모두 직무 발전과 군 조직의 발전을 위함이 우선이다. 경험한 지식과 노하우가 축적되지 않은 상태에서 고민도 하지 않는데 창조적 개념이 만들어질 수 있겠는가? 대한민국은 짧은 시간에 산업화에 성공하여 선진국 대열에 합류했다. 더불어 육군도 세계 6위권의 순위에 올랐다. 전형적인 Fast Follower 전략의 성공 결과이다. 하지만 이제 후발 주자로서 선발 주자만을 좇아가서는 더 이상 미래가 없다. First Mover로서 새로운 길을 개척해야 한다. 고민하고 학습하지 않으면 창조적 개념은 나오지 않는다.

4. 총론만 있고 각론이 없는 이유는?

육군은 국방부로부터 군정軍政[16]과 관련하여 지시를 받고 임무를 수행하기 때문에 육군의 정책은 독립적으로 시행되기보다는 국방부에서 수립하는 국방 정책의 일부로 시행된다. 따라서 육군의 정책이나 사업은 BH와 국방부의 하위 정책이나 사업 개념으로 운영된다. 그러다 보니 육군의 수뇌부는 독자적인 육군 정책을 추진하기보다는 BH[17]나 국방부의 정책에 부합하는 일을 수행하는 다소 수동적 역할을 해왔다. 따라서 육군의 입장에서 총론은 국방부의 지침을 조금 세분화하여 정하기만 하면 된다. 즉 육군이 총론을 정하기는 대단히 쉽다는 의미이다. 이것은 그 분야에 다년간 종사한 전문가가 아니더라도 상급 기관에서 하달된 문서와 몇 개의 참고 자료만 찾아보면 할 수 있는 일이다. 그리고 이런 특징은 하급 기관으로 내려가도 마찬가지이다. 작전사령부는 육군의 계획을 조금 세분화하면 되고, 군단은 작전사령부의 계획을 조금 세분화하여 자기 제대에 맞게 조금 수정하면 되는 것이다.

그러나 이렇게 기획 또는 계획을 하는 일과 이를 실행하는 일은 성격이 다르다. 실행을 위해서는 구체적이고 현실적인 계획이 있어야 하기 때문이다. 이 점에서 두 가지 성격으로 방향이 나뉜다. 한 방향은 실제 실행을 해야 하는 분야로, 예를 들어 부대 이동, 실기동 훈련, 시범, 행

---

16 국방 목표 달성을 위하여 군사력을 건설, 유지, 관리하는 기능으로 국방 정책의 수립, 관련 법령의 제정, 자원의 획득 및 배분과 관리 등을 포함하며, 이와 대비되는 것이 군령軍令으로 군령이란, 군사력을 운영하는 기능으로 작전계획 수립과 운용 등을 말한다.

17 Blue House로 청와대를 말한다.

사 등은 구체적인 각론이 없으면 실행할 수 없는 반면, 개념적으로 방향을 설정하는 분야(제도 개선, 발전 방안, 그 밖의 대다수 계획 문서)는 구체적인 각론 없이 총론 수준만 마련해도 당장 업무 수행에 별문제가 되지 않는다. 육군본부가 정책 부서이다 보니, 각 부실에서 작성되는 문서는 대부분 총론 수준에서 매년 반복되는 경향이 많으며, 매년 사람이 바뀌면서 그마저도 방향성이 흔들릴 때가 많다. 따라서 육군본부 담당 과장이나 실무자는 현재 자신이 해야 할 업무라도 현 상황만 넘기면 지휘부가 바뀐 후 지속 추진하지 않을 가능성이 크고, 자신이 내년까지 사업을 지속할 가능성도 적기 때문에 일단 총론적 계획만 작성하는 일을 반복한다. 즉 육군의 보직 관리 및 업무 시스템이 구조적으로 각론을 따질 사람도, 발전시킬 사람도 없도록 만드는 것이다. 하지만 어떤 개념과 사업이 발전하기 위해서는 지속적인 피드백과 실행이 반복되면서 계획과 실행의 차이를 좁혀 나가야 한다.

현재 육군의 지상군 기본 교리는 '전 전장 공세적 통합작전'이다. 2011년 교육사령부에서 발간한 야전교범1(지상군 기본교리)에서 '전 전장 공세적 통합작전'이란 '지상군이 해야 할 모든 범주와 영역의 작전을 주도적이고 능동적이며 적극적으로 수행하되, 제반 수단과 활동을 시간·공간·목적 면에서 조직화하고 동시화하여 통합성을 달성하는 것이다'라고 명시하고 있다. 그러나 과연 이러한 개념이 핵을 보유하고 있는 북한과 마주하고 있으면서, 한반도라는 상대적으로 짧은 종심을 가지고 있는 2020년의 현 상황을 제대로 반영하고 있는지는 의구심이 든다. '전 전장 공세적 통합작전'이라는 개념은 지구상에 존재하는 모든 육군에게 적용해도 되는 일반론적인 개념이며, 심지어 해군, 공군에 적용해도 충분조건은 못되어도 필요조건은 충족하는 개념이다. 지구상에 존재하는 군 치고, 미래에 전 전장에서 공세적으로 통합작전을 하지 않을 군이 어디 있다는 말인가? 지극히 총론적인 시각에서의 결론일 뿐이며 한반도, 대한민국이라는 특수한 상황을 고려한 각론은 보이지 않는다.

이스라엘의 경우, 그들은 수에즈 전쟁에서 1주 만에 시나이반도를 점령했으나, 소련, 미국 등 강대국의 압력으로 그곳에서 철수할 수밖에 없었는데, 이러한 경험은 향후 그들에게 어떤 상황에서도 적이 이스라엘 영토를 점령하는 것을 허용해서는 안 되며, 전쟁을 신속히 적의 영토 내부로 이전하고, 강대국들이 개입하기 전에 유리한 상황을 조성해야 한다는 것을 깨닫게 했다. 이러한 영향으로 이스라엘군은 '전쟁이 불가피할 경우 선제공격을 통해 전략적 우위를 확보하고, 공세 위주의 신속한 작전으로 유리한 조건을 조성한 상태에서 적에게 휴전을 강요'하는 형태의 군사 전략을 발전시켰다.[18] 그리고 이러한 군사전략 개념 구현에 소요되는 공세 전력을 확보하기 위해 대대적인 전력 증강에 착수하여, 기갑 전력은 수에즈 전쟁 당시 3개 기갑여단에서 6일 전쟁 당시에는 9개 기갑여단과 3개 기계화여단으로 대폭 증강하였다.[19] 이처럼 우리 육군도 우리에게 맞는 각론을 발전시켜야 할 때이다.

---

18 김경환, 《이스라엘군의 기원과 발전과정》, p.35~36

19 정연봉, 〈군사혁신의 전략적 성공요인 연구〉 경남대학교 박사학위 논문(2020), p.87

5. 결과는 나왔는데, 책임질 사람은 어디에?

근래 들어, 후배 장교들이 연대장, 대대장 보직을 힘들어한다. 직접 전투력을 운용하는 실제 병력을 거느리고 함께 동고동락하는 직책이어서일 수도 있겠지만, 더 근본적인 원인은 권한보다 책임이 많아서이다. 최근 야전 부대의 지휘관인 연대장, 대대장들이 보직해임되었다는 소식을 종종 듣게 된다. 반면, 육군의 정책을 입안하고 집행하는 육군본부 근무자가 업무를 잘못해서 보직해임되었다는 소식은 거의 듣지 못했다. 간혹 소식을 듣게 되면 그것은 본인의 일탈 행위로 인한 경우가 대부분이다. 야전의 지휘관은 본인의 잘못뿐만 아니라 부하들이 잘못해도 지휘관으로서 지휘 책임을 진다. 이것은 부하들을 올바르게 지휘해야 할 지휘관으로서의 책임이 있기 때문이다. 그러면 정책 부서 근무자에게 정책 업무를 똑바로 해야 할 책임은 없는 것인가? 같은 잘못을 해도, 그 행위로 인한 피해의 정도를 본다면 비교를 할 수 없을 정도로 정책 부서의 업무 무게감이 훨씬 크다. 연대장, 대대장의 잘못은 해당 연대, 대대에만 영향을 미칠 수 있으나, 육본 정책 업무의 실수는 육군 전체에 영향을 미치기 때문이다. 그러나 현재의 시스템에서는 육본 정책 업무의 잘못에 대한 책임을 물을 수가 없다. 첫째는 객관적인 평가 시스템이 부재하기 때문이고, 두 번째는 잦은 보직 교체로 책임을 따지기가 어렵기 때문이다. 육본에 보직하는 대부분 장교가 매년 11월~12월에 보직하여 1년 보직하고, 다시 11월~12월에 일제히 보직을 이동한다. 새로 이동한 보직에서 접하게 되는 결과는 전임자가 지난 1년간 시행한 결과이고, 내가 시행한 올해 1년간의 결과는 내 후임자의 몫이다. 아주 중대한 실수가 아닌 한 전임자는 다른 부대로 이동했기 때문에 면책이 되고, 나는 임무를 맡은 지 얼마 안 되어 면책되는 구조이다. '폭탄 돌리기 게임'이라는 것이 있다. 시한폭탄을 들고 상대방에게 돌리고 일정 시간이 지나면 내가 다시 받는 게임이다. 폭탄은 언젠가는 터지도록 세팅되어 있다. 1년 보직하고 다른 곳으로 이동하려고 생각하는 사람이 근본적인 해결책인 폭탄의 뇌관을 제거하려는 모험을 시도할 수 있을까? 아니 시도한다고 해도 1년 안에 뇌관을 제거할 수 있다고 확신할 수 있을까? 내가 재임 중일 때 터지지만 않도록 관리하고, 다른 사람에게 넘길 수밖에 없는 구조이다. 모든 업무는 시행을 했으면 결과가 있고, 결과가 있으면 반드시 평가와 책임이 뒤따라야 한다.

미 육군도 훈련 및 교육사령부가 창설되기 전까지는 평가 없이 훈련 그 자체에 목적을 두었기 때문에 훈련 성과가 거의 없었으나, 1975년 훈련부장 고먼Paul F. Gorman 장군이 성과 위주 훈련을 도입한 이후부터 정예 군대로 거듭나기 시작했다. 우리 육군도 마찬가지이다. 훈련을 하면 반드시 성과를 측정한다. 처음에는 선후배, 출신 구분, 과거 근무 인연 등의 사적인 감정 등이 개입되지만 시간이 흐르며 평가의 노하우가 생기고 투명성과 객관성도 높아진다. 보직의 결과도 마찬가지이다. 보직의 결과는 반드시 객관적으로 평가되어야 한다. 현행 평정 제도는 주관적 평가에 불과하다. 대상자가 진급 연차별로 구분되어 있고, 임관 구분별로 나뉘어 있다. 작년에 평정을 못 받았으니, 이번에는 받아야 한다느니, 분모가 몇 명은 있어야 하니 이번에 몇 명만 받아야 하느니 하는 말들이 암묵적으로 오고 가고 있으며, 평정권자의 개인적 친분이 작용해도 제어 장치가 없다.

그렇다고 현행 평정 제도를 바꾸자는 것은 아니다. 현행 제도가 평정권자의 평정권을 보장해 주는 정성적 성격의 평가라면, 적어도 정량적 평가 체계가 하나 더 있어야 한다는 것이다. 물론 현 평정표에도 정량적 평가를 위한 항목이 있기는 하나, 이는 변별력이 없고 객관화된 지표로 반영되어 있지 않기 때문에 평가가 제한된다. 따라서 보직 기간에 업무적으로 이룬 성과를 정량적으로 평가하고 누적해 둘 필요가 있다. 이는 다른 피평정자와 비교하는 상대적 개념이 아닌, 그 직책에서 요구되는 절대적 기준에 의해 평가해야 한다는 의미이다. 이러한 객관적이고 정량적인 평가 결과로 포상과 처벌을 하고 책임을 물어야 한다.

보직의 목적은 무엇인가? 나는 보직의 목적이 두 가지라고 생각한다. 첫째는 해당 직위에 가장 적합한 인재를 찾아 복무하게 함으로써 그 직위에서 요구하는 성과를 쌓게 하고, 궁극적으로 그 조직의 목표를 달성하도록 하는 것이다. 두 번째는 그 직위에서 필요한 직무 경험을 습득함으로써 더 나은 인재로 성장하도록 하는 것이다. 물론 이 성장의 목적도 장차 그 조직에서 활용하기 위함이다. 그런데 우리의 현실을 보자. 첫 번째 목적인 그 직위에서 요구하는 성과를 쌓게 한다는 측면에서 1년짜리 보직이 과연 그 성과를 얻고 평가받을 수 있을까? 육군본부에서 시행하는 업무가 성과를 내려면 가장 필요한 것이 편성[20]과 예산이다. 편성(조직, 즉 사람)과 예산(내가 그 사업을 추진하기 위해 필요한 돈)이

20 특정 사업을 추진하기 위해서 필요한 정원이 될 수도 있고, 사업의 우선순위를 정하는 사업편성이 될 수도 있다.

뒷받침되지 않는 사업은 죽은 사업이나 마찬가지다. 그런데 편성과 예산은 당해 연도에 자신의 노력으로 결정되지 않는다. 내가 현재 와서 하는 사업의 예산은 전임자가 결정해 놓고 간 사업이다. 어떤 사업을 정상적으로 시행하려면 향후 5년 후의 계획을 담는 '중기계획서'에 담아야 한다. 만약 중기계획서에 담지 못하면 적어도 내년도 '연도 예산계획'에라도 반영이 되어야 한다. 그러나 연도 계획은 사업 시행 1년 전에 미리 작성하기 때문에 내가 무엇을 실행하고 그 결과를 보기 위해서는 최소한 2년은 보직을 해야 한다. 하지만 현재 제도하에서는 누군가가 혹시 1년 보직하면서 성과가 있었다면 그것은 전임자의 몫인 것이다. 즉 내 입장에서 보면 영혼 없는 업적이요, 전임자의 입장에서 보면 탈취당한 업적일 뿐이다.

두 번째, 직무 경험을 습득함으로써 더 나은 인재로 성장하는 부분이다. 인재가 성장하기 위한 기본적인 조건은 교육과 경험이다. 그 중 교육(양성교육+보수교육)은 비교적 기회가 균등하다. 그러나 보직의 경우, 특정한 경험을 할 수 있는 보직의 수는 적은 반면, 이를 희망하는 사람은 다수여서 경쟁이 치열하고 결론적으로 특정 직위를 경험할 수 있는 사람은 제한적이다. 그래서인지 육군은 거의 1년 만에 보직을 교체함으로써 다수의 인원에게 경험을 주려고 한다. 일견 합리적이라 볼 수도 있겠지만 사실은 이것이 육군 발전의 발목을 잡고 있다. 경험의 완전성은 시작과 끝을 처음부터 끝까지 완주했을 때 비로소 가치가 있는 것이다. 어떤 사업의 배경을 알고 최초 구상 단계부터 사업이 종료되고 평가 결과가 나와서 피드백이 될 때까지 한 사이클을 온전히 경험하는 것이 진정한 경험의 산물인 것이다. 그런 의미에서 정책 부서에서의 1년 보직은 해당 보직의 반밖에 경험하지 못하는 일이다. 4년을 근무하면서 보직을 4개 했다고 하면 4개 보직 모두 50%만 경험한 것이고, 결국 한 보직도 제대로 경험하지 못하는 셈이다. 차라리 2년짜리 보직을 2개 해서 2개라도 완벽히 하는 것이 경험의 완전성을 충족한다. 어설픈 경험은 문제의 본질보다는 표피적 현상만 인식하게 되어 상황을 쉽게 넘어가려는 유혹에 빠지고, 적당한 요령주의만 늘게 한다.

짧은 보직 기간은 장교들에게 직무 성과의 만족도를 낮추고 경험의 완전성 달성에도 부정적인 영향을 미치고 있지만, 더 심각한 것은 고급장교가 되어 중대한 역할을 담당할 때 더 큰 문제가 불거진다는 데 있다. 30년이 넘는 세월 동안 쌓아온 지식과 경험을 활용할 시간이 없기 때문이다. 비근한 예로 〈표1〉에서 보는 바와 같이 1903년부터 시작된 미 육군참모총장은 2020년 기준 40대 총장 맥콘빌James Charles McConville 대장이다. 120년 동안 40명이 교체된 것으로 평균 재임 기간이 3년이다.

〈표 1〉 역대 미 육군참모총장 재임 기간 현황

차수	계급	성명	취임일	이임일	재직기간(년)
1	중장	사무엘 B. M. 영	1903-08-15	1904-01-08	0
2	중장	애드나채피	1904-08-19	1906-01-14	2
3	중장	존 C. 베이츠	1906-01-15	1906-04-13	0
4	소장	J. 플랭클린벨	1906-04-14	1910-04-21	4
5	소장	레오나드우드	1910-04-22	1914-04-21	4
6	소장	윌리엄윌러스워더스푼	1914-04-22	1914-11-16	1
7	소장	휴 L. 스캇	1914-11-17	1917-09-22	3
8	대장	태스커 H. 블리스	1917-09-23	1918-05-19	1
9	대장	페이톤 C. 마치	1918-05-20	1921-06-30	3
10	대원수	존 J. 퍼싱	1921-07-01	1924-09-13	3

11	소장	존 L. 하인즈	1924-09-14	1926-11-20	2
12	대장	찰스 P. 서머랠	1926-11-21	1930-11-20	4
13	대장	더글라스 맥아더	1930-11-21	1935-10-01	5
14	대장	말린 크레이그	1935-10-02	1939-08-31	4
15	원수	조지 마샬	1939-09-01	1945-11-18	6
16	원수	드와이트 D. 아이젠하워	1945-11-19	1948-02-06	2
17	대장	오마 브래들리	1948-02-07	1949-08-15	2
18	대장	J. 로턴 콜린스	1949-08-16	1953-08-14	4
19	대장	매슈 B. 리지웨이	1953-08-15	1955-06-29	2
20	대장	맥스웰 D. 테일러	1955-06-30	1959-06-30	4
21	대장	라이언 L. 렘니처	1959-07-01	1960-09-30	1
22	대장	조지 H. 덱커	1960-10-01	1962-09-30	2
23	대장	얼 G. 휠러	1962-10-01	1964-07-02	2
24	대장	해롤드 K. 존슨	1964-07-03	1968-07-02	4
25	대장	윌리엄 C. 웨스트모어랜드	1968-07-03	1972-06-30	4
대행	대장	브루스 파머, Jr	1972-07-01	1972-10-11	0
26	대장	크리에톤 W. 에이브람스	1972-10-12	1974-09-04	2
27	대장	프레드릭 C. 웨이안드	1974-10-03	1976-09-30	2
28	대장	버나드 W. 로저스	1976-10-01	1979-06-21	3
29	대장	에드워드 C. 메이어	1979-06-22	1983-06-21	4
30	대장	존 A. 위컴, Jr	1983-07-23	1987-06-23	4
31	대장	칼 E. 부오노	1987-06-23	1991-06-21	4
32	대장	고든 R. 설리반	1991-06-21	1995-06-20	4
33	대장	데니스 J. 라이머	1995-06-20	1999-06-21	4
34	대장	에릭 K. 신세키	1999-06-21	2003-06-11	4
35	대장	피터 J. 슈메이커	2003-08-01	2007-04-10	4
36	대장	조지 W. 케이시. Jr	2007-04-10	2011-04-10	4
37	대장	마틴 E. 뎀프시	2011-04-11	2011-09-07	1
38	대장	래이몬드 T 오디에르노	2011-09-07	2015-08-14	4
39	대장	마크 A. 밀레이	2015-08-14	2019-08-09	4
40	대장	제임스 C. 맥콘빌	2019-08-09	재직중	

출처 : 위키백과 https://ko.m.wilipedfdia.org 2020. 9. 16.검색

반면 한국 육군의 경우 1948년부터 현재까지 72년이 흘렀는데, 현재 남영신 총장님께서는 〈표2〉에서 보는 바와 같이 49대 총장님이시다(편집자주 – 2020년 기준). 역대 총장님들의 평균 재임 기간은 1.5년이 채 못 된다. 그중에는 1년도 못 채우신 분이 12분이나 계신다.

〈표 2〉 역대 대한민국 육군참모총장 재임 기간 현황

차수	계급	성명	취임일	이임일	재직기간(년)
1	소장	이응준	1948-12-15	1949-05-08	0.5
2	소장	채병덕	1949-0-09	1949-09-30	0.5
3	소장	신태영	1949-10-01	1950-04-09	0.6
4	소장	채병덕	1950-04-10	1950-06-29	0.3
5	중장	정일권	1950-06-30	1951-06-22	1
6	중장	이종찬	1951-06-23	1952-07-22	1.1
7	대장	백선엽	1952-07-23	1954-02-13	1.7
8	대장	정일권	1954-02-14	1956-06-26	2.4
9	대장	이형근	1956-06-27	1957-05-17	0.9
10	대장	백선엽	1957-05-18	1959-02-22	1.9
11	중장	송요찬	1959-02-23	1960-05-22	1.3
12	중장	최영희	1960-05-23	1960-08-28	0.3
13	중장	최경록	1960-08-29	1961-02-16	0.6
14	중장	장도영	1961-02-17	1961-06-05	0.4
15	대장	김종오	1961-06-06	1963-05-31	2
16	대장	민기식	1963-06-01	1965-03-31	1.9
17	대장	김용배	1965-04-01	1966-09-01	1.5
18	대장	김계원	1966-09-02	1969-08-31	3
19	대장	서종철	1969-09-01	1972-06-01	2.9
20	대장	노재현	1972-06-02	1975-02-28	2.9
21	대장	이세호	1975-03-01	1979-01-31	3.9
22	대장	정승화	1979-02-01	1979-12-12	0.9
23	대장	이희승	1979-12-13	1981-12-05	2
24	대장	황영시	1981-12-16	1983-12-15	2
25	대장	정호영	1983-12-16	1985-12-15	2
26	대장	박희도	1985-12-16	1988-06-10	2.6
27	대장	이종구	1988-06-11	1990-06-10	2
28	대장	이진삼	1990-06-11	1991-12-05	1.6
29	대장	김진영	1991-12-06	1993-03-08	1.3
30	대장	김동진	1993-03-09	1994-12-27	1.9
31	대장	윤용남	1994-12-27	1996-10-19	1.9
32	대장	도일규	1996-10-19	1998-03-28	1.5
33	대장	김동신	1998-03-28	1999-10-28	1.7
34	대장	길형보	1999-10-28	2001-10-12	2
35	대장	김판규	2001-10-12	2003-04-17	1.5
36	대장	남재준	2003-04-07	2005-04-07	2
37	대장	김장수	2005-04-07	2006-11-07	1.7
38	대장	박흥렬	2006-11-17	2008-03-21	1.4
39	대장	임충빈	2008-03-21	2009-09-21	1.6
40	대장	한민구	2009-09-21	2010-06-18	0.9
41	대장	황의돈	2010-06-18	2010-12-16	0.6

42	대장	김상기	2010-12-16	2012-10-11	1.9
43	대장	조정환	2012-10-11	2013-09-28	1.0
44	대장	권오성	2013-09-29	2014-08-11	0.9
45	대장	김요환	2014-08-11	2015-09-17	1.1
46	대장	장준규	2015-09-17	2017-08-11	1.9
47	대장	김용우	2017-08-11	2019-04-16	1.8
48	대장	서 욱	2019-04-16	2020-09-18	1.5
49	대장	남영신	2020-09-23	재직중	

출처 : 육군 기록정보관리단(역대 총장자료실)

반면 미 육군참모총장의 경우 1979년 메이어 총장부터 현재까지 정확히 4년 임기를 보장해 주고 있다. 육군과 같이 대규모 조직의 장長 임기가 1.5년이라면 과연 어떤 정책을 소신껏 펼칠 수 있을지 묻고 싶다. 멋진 자리이니 서로서로 선후배 또는 동기생끼리 나누어 조금씩 보직을 하는 것이 누이 좋고 매부 좋은 일이라는 말인가?

6. 당신은 리더인가, 관리자인가?

리더leader와 관리자manager의 차이점은 무엇일까? 많은 차이점이 있겠지만 나는 '책임지는 자세'에서 가장 큰 차이가 있다고 본다. 쉽게 말해 기업으로 치면 리더는 '오너 경영인'이요, 관리자는 '봉급 받고 일하는' 전문 경영인이다. 경영의 기술이나 학문적 지식에서는 전문 경영인이 더 우수할 수도 있으나 그들은 기업의 실적이 나쁘면 다른 곳으로 이직하면 그만인 사람들이다. 그러나 기업의 오너는 다르다. 기업이 망하면 자기 삶 자체가 망하는 것이다. 즉 기업이 오너이고 오너가 기업인 것이다. 기업이 망하면 자신이 망한다고 생각하는 사람과, 망하면 다른 회사로 옮겨도 된다고 생각하는 사람이 가진 책임 의식을 동일하다고 볼 수 있을까? 그런 점에서 나는 군인은 리더가 되어야 한다고 생각한다. 특히 고급 직위에 있는 사람일수록 리더가 되어야 한다. 군인의 삶 자체가 곧 '군'인 것이다.

리더와 관리자의 차이를 나는 대한민국과 일본의 반도체 또는 디스플레이 사업의 역사로 비유해 보고 싶다. 거대 재벌 기업이 산업계를 이끌어 간 것은 일본이나 우리나라나 비슷하였으나, 일본은 일찌감치 전문 경영인 체계로 전환하였고, 우리나라는 오너 경영 체제를 계속 유지했다. 오너 경영 체제였던 우리나라는 오너의 선견지명과 끈질긴 투자로 모든 사람이 반대하던 반도체와 디스플레이 사업에 지속적인 투자를 했다. 당장 이익이 나지 않더라도 미래에 대한 비전을 갖고 연구개발을 지속했으며, 특히 사업의 특성상 적기에 대규모 투자를 해야 할 때는 신속히 단행했다. 이것이 오늘날 삼성과 LG가 세계 최고의 메모리 반도체와 디스플레이 회사로 발전할 수 있게 된 결정적인 이유이다. 반면 우리보다 앞선 기술력과 자본을 갖고 있었던 일본은 전문 경영인들의 의사 결정에 의지했다. 그들은 단기 이익에 집착해 손해가 나는 분야에 장기적인 투자를 할 수 없었고, 특히 대규모 투자를 해야 할 때는 실패에 대한 두려움과 아무도 책임지지 않으려는 고질적 병폐[21]로 인해 투자 시기를 놓쳐 결국 시장의 주도권을 대한민국에 빼앗기고 말았다. 왜? 이유는 간단하다. 전문 경영인은 관리자이지 리더가 아니었기 때문이다. 리더는 위기일수록 그 진가를 발휘한다.

---

21 일본의 전문 경영인들은 혼자서 책임을 질 수 없기 때문에 위원회를 구성했는데 중요한 의사 결정을 위해서는 만장일치가 되어야 했다. 따라서 만장일치가 되지 않으면 그 사업은 더 이상 진전시킬 수 없었고 투자 시기를 놓치는 요인이 되었다.

리더와 관리자와의 또 다른 차이는 '위험'을 감수하는 자세이다. 리더는 위험이 따르더라도 새로운 것을 찾아 도전한다. 왜? 현재는 잘나가고 괜찮을지 몰라도 미래까지 생존을 보장받을 수는 없기 때문이다. 따라서 위험이 있더라도 과감한 도전을 장려하고, 그 과정에서 실패가 있더라도 기꺼이 감수한다. 반면 관리자는 위험한 모험을 하지 않고 현 상태를 유지하고 싶어 한다. 내 임기 중에 불필요한 잡음을 만들고 싶어 하지 않는다. 왜? 자기는 주인에게 고용된 관리자일 뿐, 주인이라고 생각하지 않기 때문이다. 우리 육군의 현실은 어떠한가? 육군의 구성원들에게 권한과 책임을 주고, 위험을 감수하면서도 새로운 것에 도전할 수 있는 여건을 만들어 주고 있는가? 도전 중에 실패한 것을 감싸 안을 수 있는 분위기와 제도가 마련되어 있는가?

Ⅲ

육군을 위한 여섯 가지 제언

앞서 육군을 위한 여섯 가지 질문을 해 보았다. 질문 중에는 답이 없는 것도 있을 수 있고, 당장 답이 필요하지 않은 것도 있을 수 있다. 또는 질문 중에 부지불식간에 스스로 결론을 내린 것도 있을 것이다. 그러나 질문의 위대함은 꼭 답을 얻기 위함이 아니라는 데 있다. 왜냐하면 답은 누가 주는 것이 아니라 자기 스스로 찾는 것이고, 그 과정에서 더 많은 것을 배울 수도 있기 때문이다. 그럼에도 불구하고 몇 가지를 제언하고자 한다.

1. 논쟁의 불씨를 지피자

인간은 완벽하지 않을뿐더러 매우 이기적이다. 리처드 도킨스Clinton Richard Dawkins는 그의 저서 『이기적 유전자The Selfish Gene』에서 "인간은 그 유전자부터 이기적이며, 이타적 행동을 보이는 것도 사실은 자신과 공통된 유전자를 남기기 위한 행동일 뿐이다."라고 말했다. 오늘날 자본주의 시스템은 인간의 이기적 본성을 인정하고 받아들였기에 개인의 사유 재산을 인정하고 각자의 창의성을 보장함으로써 번영을 구가하고 있으며, 민주주의는 이기적 인간 혼자서 권력을 다 갖지 못하도록 권력을 분산하여 운영하도록 함으로써 독재자의 출현을 방지하고 있다. 육군의 구성원 또한 마찬가지다. 각자는 불완전하고 이기적일 수밖에 없다. 각자가 생각하고 주장하는 것은 모두 불완전하고 자신의 입장에서 생각하는 것이다. 이것이 바로 육군이 발전하기 위해 논쟁하여야 하는 이유이다. 불완전하고 이기적인 생각이기에 더욱더 공론화하여 다른 사람의 검증을 거치고 비판받으면서 선택해야 하는 것이다.

일본에 '손타쿠忖度'라는 말이 있다. 사전적 의미로는 '남의 마음을 미루어서 헤아림'이라는 뜻이다. 그러나 오늘날에는 '윗사람이 구체적으로 지시를 내리지 않았으나 눈치껏 알아서 그 사람이 원하는 대로 행동하는 것'의 의미로 더 많이 쓰인다. 요즘 말로 쉽게 표현하면 '알아서 기는 것'을 의미한다. 일본의 좋지 않은 문화를 말할 때 대표적으로 쓰이지만, 이런 문화가 우리 육군에도 존재하는 것은 아닌지 심각하게 반성해 볼 필요가 있다. 윗사람이 좋아하지 않는 의견을 내가 괜히 말해서 분위기를 망치지는 않을까? 더 나아가서 윗사람과 반대되는 의견을 말해서 그 사람과 등지게 되는 것은 아닐까? 이런 생각을 하고 있다면 더 이상 육군의 발전은 없다. 윗사람은 나와 다른 생각을 표현하는 아랫사람을 높이 평가하고 그 사람의 생각을 존중해야 한다. 받아들일 것이냐 말 것이냐와는 별개의 문제이다. 이런 문화가 조성될 때 아랫사람은 자기 생각을 더욱 잘 표현할 것이다. 다만 표현의 방법이 문제이다. 표현의 방법에 있어서는 용기가 필요하다. 반드시 공식적인 장소와 방법으로 표현해야 하는 것이다. 삼삼오오 앉아서 술자리 안주로 삼아서는 더 이상 발전이 없다. 공식적인 자리에서 공식적인 발언을 통해, 또는 공식적인 출판물을 통해 표현해야 한다. 나는 전자보다는 후자를 더

권하고 싶다. 전자는 감정에 휩싸여 논리적인 표현을 하기가 생각보다 어렵기 때문이다. 육군이 당면한 많은 문제를 공론화하여 논쟁하자. 미군의 합동성 강화에 지대한 역할을 한 '골드워터-니콜스법Goldwater-Nichols Act'도 존스David C. Johns 합참의장이 논쟁의 불씨를 지폈기 때문에 가능했음을 기억하자.

2. 도약하려면 축적하자

'묵은 별빛'이라는 표현이 있다. 지금 밤하늘에 반짝이는 저 별빛도 알고 보면 수백, 수천 년 전에 출발한 빛이다. 갑자기 우리 눈앞에 나타난 것이 아니다. 그런 의미에서 혁신과 도약적 발전도 '묵은 별빛'이다. 인공지능만 하더라도 1956년 미국 다트머스 대학의 존 매카시John McCarthy 교수가 주도한 회의에서 생긴 명칭이다. 그러나 70년대에 한계에 부딪혀 연구가 사라졌다가 80년대에 들어 의사 결정을 보조하는 전문가 시스템이 발달하면서 부활하였다. 그러다 또다시 기술적 한계에 봉착하여 빙하기에 들어서더니 2000년대가 되자 검색 엔진의 등장과 강력한 컴퓨팅 기술이 결합되면서 새롭게 등장했다. 이처럼 혁신은 빙하기와 해빙기를 거듭하면서 조금씩 전진한다. 알파고는 어느 날 갑자기 우리 앞에 나온 것이 아니라, 최소한 60년 전에 출발한 별빛이 머나먼 공간을 건너와 우리 눈앞에 보이게 된 것이다.

육군이 수행하는 다양한 업무도 어느 날 갑자기 나타난 업무는 거의 없다. 먼 것은 5천 년 전에, 가까운 것은 70년 전에 출발한 별빛이다. 문제는 우리가 그 궤적에 관심을 두지 않았고, 추적하지 않았기 때문에 갑자기 나타난 것처럼 느끼는 것이다. 육군 발전과 우수 인재 확보를 위한 노력은 창군과 더불어 시작되었고, 한반도 상황에 맞는 지상군 전법을 위한 논의는 1995년 당시 윤용남 총장 재임 시절 최우선 과제로 추진되었다. 당시 윤용남 총장은『육군발전목표』를 위해 총 248개의 과제를 도출하였고, 이를 실행할 방안을 모색하면서 공감대를 형성하기 위해 이를 책자로 만들어 1,332부를 대령급 이상 지휘관 및 참모에게 분배하여 추진하였으나, 현재 육군에는 단 한 권의 책자도 구할 수 없는 것이 현실이다. 윤 총장님의 독선적 리더십을 욕하는 사람들이 많은 것도 사실이지만, 사람이 밉다고 그 사람이 추진했던 정책마저 저버리는 것은 소인배들이나 하는 짓이다. 역사에 가정이란 있을 수 없겠지만, 그 당시 이를 추진했던 성과와 미흡했던 분야, 추진 간 어려웠던 점 등 관련 노하우가 축적되어 지금까지 전해져왔다면 더 많은 발전이 있었을 것이라는 생각이 든다.

직책 수행에 대한 노하우를 축적하는 시스템을 만들 것을 제안한다. 육군의 모든 간부는 해당 직책을 종료할 때 직책을 수행하면서 얻은 결과물은 물론, 실패한 사례, 문제점, 극복해야 사항, 자신이 생산한 문서의 목록 등 자신의 모든 노하우를 기록한 '직무경험서(가칭)'를 만들었으면 한다. 그리고 후임자는 그 내용에 대한 후속 추진 사유(발전시켰으면 발전시킨 내용, 추진하지 않았으면 하지 않은 이유 등)를 기록하도록 시스템화하고, 육군에서는 이를 평가하는 시스템을 정착시키자. 데이터를 축적하지 않는 조직은 학습하지 않는 조직이요, 학습하지 않는 조직은 소멸한다는 것이 만고의 진리이다.

3. 군사 분야 고수를 만들자

최진석 교수는 자신의 저서 『탁월한 사유의 시선』에서 "철학을 수입한다고 하는 말은 곧 생각을 수입한다는 뜻이고, 생각을 수입한다고 하는 말은 수입하는 그 생각의 노선에 따라 산다는 뜻이고, 생각의 종속은 가치관뿐만 아니라, 산업까지 포함해 삶 전체의 종속을 의미하며, 지금까지 우리는 생각을 수입해서 살았다."라고 말했다. 즉 선진국은 생각을 선도해 왔고, 새로운 장르를 개척해 왔으며 후진국은 이를 일방적으로 받아들여 사용해 왔다는 것이다. 이것은 『축적의 길』을 쓴 이정동 교수의 생각, 즉 선진국만이 새로운 개념 설계 역량이 있다는 말과 일맥상통한다. 그러나 우리나라의 산업 현장을 살펴보면 하나의 가능성을 발견하게 된다.

태국은 우리나라와 비슷하게 1960년대 중반 자동차 산업을 시작했다. 2016년까지 연간 260만 대 이상을 생산하면서 동남아 자동차 생산의 허브로 자리 잡았다. 그러나 불행하게도 아직 진정한 독자 모델이 없다. 이것은 태국이 자동차 산업을 빠르게 육성하기 위해 다국적 기업의 설계도와 부품을 도입해서 조립하는 현재의 모델을 선택했기 때문이다. 반면 우리나라는 외국인 직접 투자가 아니라 외국에서 돈을 빌려 설비와 장비를 직접 구매해 설치하는 방식을 택했다. 장비를 설치하고 운영하는 과정에서 함께 따라 들어온 매뉴얼을 교재로 삼아 선진 기술을 학습했다. 이 전략은 외국인 직접 투자와 달리 무엇을 할지 우리가 정하고, 시설, 장비, 기술의 종류를 선택하며 운영의 성과도 우리가 책임져야 하기 때문에 능동적인 학습이 가능했다. 현대자동차의 알파엔진 개발 사례를 보면, 아직 산업의 기반이 충분히 형성되지 않은 상황임에도 불구하고 독자 엔진 개발을 선언하고(도전적 목표 설정), 영국의 리카르도 사를 비롯해 국내외를 가리지 않고 경험을 축적한 기업 및 전문가들과 연결하고(네트워크 형성), 10년의 기간 동안 수많은 시행착오를 겪으면서(시행착오의 축적) 마침내 성공에 이른 사례이다.

최근 전 세계적으로 불고 있는 한류 붐을 타고 한국적인 개념으로 다른 나라를 선도하는 분야가 여기저기서 나타난다. 음악, 드라마, 영화, 음식 등으로 대표되는 K-Culture는 말할 것 없고, 최근 유행하는 먹방,[22] 웹툰, E-Sports 등의 트랜드를 선도하기도 한다. 이렇듯 한국인은 뛰어난 지적 수용 능력과 도전 정신, 그리고 독창성을 지니고 있다. 그런데 이렇게 되기 위해서는 분야별로 전문가가 존재해야만 가능한 일이다. 그 어떤 상황에서든 전문가를 키워 내지 못하는 조직에서는 개념 설계가 탄생하지 않는다. 개념 설계란 그 속성상 시행착오의 경험을 온몸으로 축적한 고수가 절박한 심정으로 문제 풀이에 매달려야만 만들어지는 것이기 때문이다. 한국의 문화가 전 세계를 선도하고 있는데, 한국의 군사학이 전 세계를 선도하지 말라는 법이 있는가? 한국은 한반도라는 특수한 지정학적 위치에 가장 호전적인 북한과 마주하고 있고, 중국, 러시아, 일본이라는 초 강국을 주변에 두고 있으면서도 미국이라는 최강국과 한미동맹을 이어 가고 있기에 군사적으로 다양한 이슈를 선

---

22 먹방Mukbang은 먹는다는 뜻의 '먹'과 방송의 '방'이 합쳐진 신조어이다. 먹방 문화는 2009년 대한민국의 인터넷 플랫폼 아프리카 TV에서 시작되어 전 세계적으로 퍼지게 되었으며, 영어로도 Mukbang으로 표기한다.

도해 나갈 수 있는 최적의 조건에 있다.

군내 교육은 정해진 기간 굳어진 지식을 전수하는 형태의 '교육'이라는 개념을 버리고, 평생 도전하고 스스로 축적해 나가는 '학습'이라는 개념으로 전환해야 하며, 군 내부적으로도 고수, 능력자, 덕후 등을 존중하는 분위기가 조성되어야 한다. 다양성을 포용하는 한편, 고수들이 서로 교류하면서 협력하고 성장할 수 있도록 여건을 마련해 주어야 한다. '전문가는 특정 분야에 한정된 지식인'이라는 생각에서 벗어나야 한다. 군인은 군사 분야 전문가가 되어야 한다. 국민은 군인이 군사 분야 전문가라고 믿기에 우리에게 국가 방위라는 큰 책무를 맡겼다. 이에 보답해야 한다.

4. 벤치마킹하기 쉬운 총론보다는 어렵더라도 각론을 만들자

조직 내에 고수가 없으면 조직 차원에서 개념 설계에 도전하기보다는 빠르게 벤치마킹하는 전략을 택하게 된다. 하지만 벤치마킹에는 한계가 있다. 적용하는 데 있어 시간, 공간 등의 환경이 다르고, 무엇보다도 적용하는 대상인 사람이 다르기 때문이다. 그러나 그보다 더 중요한 것은 다른 사람이 만든 최초 개념이 나의 새로운 개념 창출을 방해하는 장애요인으로 작용할 수 있다는 것이다. 그래서 최종 산물인 각론까지 반드시 만들어 봐야 한다.

육군은 각론을 만들 수 없는 구조적인 문제점이 있다. 가장 큰 문제는 조기에 성과를 보고자 하는 단기 성과주의의 조급한 문화이고, 두 번째 문제는 수시로 교체되는 보직 운영의 문제이다. 단기 성과주의의 조급한 문화가 조성되는 가장 큰 원인은 참모총장을 비롯해 육군 수뇌부의 짧은 보직 기간으로 인해, 그 기간 내에 무엇이 됐든 성과를 보고 싶어 하기 때문이다. 육군본부 내에 회자되는 말 가운데, 계룡대에서 가장 바쁜 부서는 인사참모부와 시설대(계룡대 근무지원단)라는 말이 있다. 이것은 육군본부 업무는 대부분 예산이 소요되는 업무인데, 그중에서 유일하게 예산 투자 없이 할 수 있는 업무가 인사 제도를 바꾸는 것과 조직 편성을 이 부서에서 저 부서로 옮기는 것이라는 것이다. 그래서 인사참모부가 제도 바꾸느라 바쁘고, 시설대는 사무실 옮기기 위해 칸막이를 붙였다 떼었다 하느라 바쁘다는 것이다. 물론 이것은 조금 과장된 표현이다. 그러나 지휘부가 소신껏 자신의 업무를 추진할 수 있는 적정 임기의 보장은 꼭 필요하다. 나는 육군참모총장의 임기는 최소 4년, 길게는 5년이 되어야 한다고 생각한다. 5년 이상의 인재풀 속에서 가장 적임자를 선발해 임명해야 하고, 그 사람에게 4~5년간 소신껏 육군을 지휘할 수 있도록 믿고 맡겨 놓아야 한다. 역대 미 육군참모총장의 임기가 4년이었고, 미 육군 개혁의 불씨를 타오르게 했던 초대 훈련 및 교육사령관이었던 드푸이William Eugene DePuy 장군의 임기도 4년이었다. 1차 대전의 패배로 많은 제약을 받았던 독일 육군을 재건한 젝트Johannes Friedrich Leopold von Seeckt 장군은 무려 6년간 재임하면서 독일 육군 재건의 터를 닦았다. 이스라엘 육군의 정신적 지도자인 다얀Moshe Dayan 장군의 임기 역시 4년이었다. 나는 현재 각 군 참모총장의 임기를

2년으로 제한하고 있는 현행 군 인사법[23]의 개정을 제안한다.

두 번째 수시로 교체되는 보직 문제는 제대별 직책별로 다르겠지만 육군본부, 합참, 국방부 등의 부서는 최소 2년 이상 보직해야 하며, 특정 사업을 추진하는 경우에는 필요하다면 사업의 최초부터 종결 시까지 4~5년의 보직도 필요하다고 생각한다. 이러한 환경을 조성한 후에는 반드시 총론부터 각론까지 만든 후 그 결과를 피드백 받아야 한다. 이것이 완전성 있는 업무의 종결이다.

5. 보기 좋은 사과보다 맛있는 사과를 만들고 품질을 묻자

사과 열매의 존재 목적은 무엇일까? 사과나무의 입장에서는 사과의 씨를 더 많이 퍼뜨리는 것일 것이고, 사과를 먹는 인간의 입장에서는 맛있게 먹는 것일 것이다. 그렇다면 문제의 답은 분명해진다. 보기 좋은 사과보다는 맛있는 사과가 우선이다. 육군의 인재도 마찬가지다. 보기에는 좋아도 소신과 능력이 없는 인재보다 상처가 있더라도 이를 극복하여 위기 시 실력을 발휘할 수 있는 인재가 우선이다. 권오현은 그의 저서 『초격차』에서 평가와 보상에 대해서 이렇게 말한다. "Pay by Performance, Promotion by Potential", 즉 "성과를 올렸으면 금전적인 보상을, 그리고 잠재적인 성장 역량이 있으면 승진을 시켜서 보상해 준다"는 것이다. 매출이 증대된 것은 개인의 능력이 발휘된 덕분도 있겠

---

23 군 인사법 제19조 3항에는 다음과 같이 참모총장의 임기가 명시되어 있다. "참모총장의 임기는 2년으로 하며, 해병대 사령관의 임기는 2년으로 한다. 다만, 전시·사변시에는 한 차례 연임할 수 있다." 〈개정 2011.7.14.〉

지만 경기가 호황이라든지, 경쟁 회사의 실력이 미비해서, 혹은 순전히 운이 좋아서 그렇게 될 때도 있을 것인데, 이런 것을 보지 않은 채 매출이 늘었다고 승진시켜 보상한다면 인사 적체는 물론이고 경기가 나빠졌을 때 회사는 매우 곤란한 지경에 이르게 될 수 있다는 것이다. 이것은 '승진'이라는 것이 단순히 그때의 성과만 있어서 되는 것은 아니고, 미래에 발휘할 수 있는 잠재 역량이 더 중요하다는 의미이다. 이익을 우선시하는 기업에서조차 성과보다는 잠재 역량을 우선시한다는데 우리는 어떠한가?

'군'이라는 특수한 조직에서 개인의 직무 성과를 수치화한다던가 잠재 역량을 계량화하는 것은 쉬운 일이 아니다. 그럼에도 불구하고 반드시 해야 한다. 피터 드러커Peter Ferdinand Drucker는 "측정할 수 없으면 관리할 수 없고, 관리할 수 없다면 개선시킬 수 없다"라고 말했다. 품질 관리의 세계적 권위자인 에드워드 데밍William Edwards Deming 교수는 "측정 가능한 모든 것을 측정하라. 그리고 측정이 힘든 모든 것을 측정 가능하게 만들어라"라고 말했다. 이는 계량화의 중요성을 말한 것이다. 계량화가 되지 않으면 객관적 평가가 불가능하고, 객관적 평가가 불가능하면 부조리가 개입할 가능성이 크다. 육군에 있어서 개인의 직무 성과는 계량화되어 측정되지 않는다. 그러니 "Promotion by Potential"이 아니라, "Promotion by Position" 또는 "Promotion by Pass"로 작용하고 있는 것이다. 해당 직위에서 어떻게 직무를 수행했는지보다는 해당 직무를 수행했다는 사실 자체, 또는 그 직위를 패스했다는 그 자체로 승진하는 경우가 너무나 많다. 이제는 모든 직위의 직무 성과가 계량화되어야 한다. 그러나 반드시 잊지 말아야 할 것이 있다. 계량화를 하는 목적이다. 계량화를 시행하는 목적은 올바른 인재를 골라내는 데 있다. 해당 직위의 성공적인 수행은 개인의 역량일 수도 있지만,『초격차』에서 언급한 것처럼 전임자를 잘 만나서, 당시 상황이 좋아서 등등 다양한 조건에 의한 결과일 수 있기 때문이다. 따라서 직무 수행에 따른 성과의 결과에는 성공뿐만 아니라 실패의 결과도 포함하고, 실패의 경험은 중요한 잠재 역량의 요소 중 하나로 받아 줄 필요가 있다. 즉 권오현식 표현을 빌자면 실패는 Performance에서는 마이너스 요소가 되겠지만, Potential에서는 플러스 요인이 되게 하는 것이다. 이러한 객관적 요소들이 누적되어 여러 다양한 요소들과 함께 의미 있는 수치로 계량화될 때 육군은 진정 보기에 좋은 사과인지, 맛있는 사과인지를 분별할 수 있게 될 것이다. 보기에 좋은 사과보다는 맛있는 사과를 만들자. 그리고 맛있는 사과에게 과감하게 품질과 책임을 묻자.

6. 관리자가 아닌, 리더를 육성하자

미국 작가 메들렌 렝글Madeleine L'Engle Camp은 취약함에 대해서 이렇게 말했다. "우리는 어렸을 때 어른이 되면 더는 취약하지 않을 것이라고 생각했다. 그러나 어른이 된다는 것은 취약함을 받아들이는 것이다." 브레네 브라운Brene Brown은 그의 저서 『리더의 용기』에서 "대담성은 실패를 기꺼이 각오할 것이라는 뜻이 아니라, 결국 실패할 거라는 걸 알지만 그래도 전력을 다할 것이라고 말하는 것이다."라고 말했다. 리더는 자신의 취약함을 기꺼이 받아들이고 대담성을 발휘해야 한다.

그렇다면 육군은 고급 지휘관들에게 자신의 취약함을 받아들이고, 대담성을 발휘할 수 있는 기회를 주고 있는지 묻고 싶다. 내 대답은 "그렇지 않다"이다. 권한을 대폭 이양해 주지도 않았고, 책임을 과감하게 묻지도 않았다.

우리 육군은 전문 직제가 정착되어 있지 않고 순환 보직 시스템이 강하게 자리 잡고 있기에 전문성이 없는 상태에서 연차가 올라가면서 점차 대체 가능한 관리형 인재가 되어 가고 있다. 불과 1년 남짓한 보직 기간 동안 큰 문제 없이 넘어가기만 하면 진급에 유리하게 작용하기 때문에, 자신의 진정한 취약점이 무엇인지 성찰할 이유도 없고, 실패할 각오로 대담성을 발휘할 필요도 없다. 이런 점에서 미 육군의 장군단이 수행했던 다음 사례는 리더의 모습으로 좋은 본보기가 된다. 미 육군 훈련 및 교육사령부의 초대 사령관이 된 드푸이 장군은 새로운 '싸우는 방법'을 정립하고자 교범을 작성하면서 솔선수범하며 군사혁신을 주도했고 부하들의 동기를 유발했다. 그는 정치·경제·사회·문화 등 각 분야의 전공 서적은 그 분야의 최고 전문가가 쓴다는 점에 착안하여 장군들이 직접 교범을 쓰도록 했고, 그 첫 번째 집필자는 사령관인 드푸이 장군 본인이었다. 두 번째 집필자는 부사령관 고먼 장군이었고, 세 번째는 기갑학교장이자 이후 2대 사령관이 된 스탠리Donn A. Stanley 장군이었다.[24] 그들은 용감하게 행동했고, 솔선수범했으며, 고도의 전문성을 발휘했다.

24 정연봉, 〈군사혁신의 전략적 성공요인 연구〉 경남대학교 박사학위 논문(2020), p.53.

한나 아렌트Hannah Arendt의 『예루살렘의 아이히만』에는 이런 내용이 나온다. 나치 독일이 유대인 학살 계획을 꾸밀 때 600만 명을 처리하기 위한 효율적인 시스템을 구축하는 데 주도적인 역할을 한 아돌프 아이히만은 아르헨티나에서 망명 생활을 하다가 1960년 이스라엘 정보기관인 모사드에 체포되어 예루살렘에서 재판을 받고 처형되었다. 그때 연행된 아이히만의 풍모를 본 관계자들은 큰 충격을 받았다. 그는 너무나도 평범한 사람이었기 때문이다. 건장한 게르만의 전사 같은 모습이 아닌, 너무나도 왜소한 체격의 지극히 평범한 사람이었다. 그는 유대인에 대한 증오나 다른 정치적 의도가 있어서가 아니라, 단순히 출세를 위해 자신에게 주어진 임무를 충실히 수행하며 수많은 유대인을 학살했다고 말했다. 우리는 대부분 현행 시스템이 초래하는 문제에 대해 생각하기보다는 무의식중에 그 규칙을 간파하여 능숙하게 살아가는 방법을 생각한다. 인류 역사상 어디에서도 찾아볼 수 없었던 악행은 흉악한 괴물이 저지른 것이 아니라, 생각하기를 멈추고 그저 시스템에 올라타 그것을 햄스터처럼 뱅글뱅글 돌리는 데만 열중하는 사람에 의해서 저질러졌다는 것이다.[25] 아이히만은 '효율적인 관리자'의 전형적인 모습 그 자체였다. 육군의 무관심 속에 제2의 아이히만이 성큼성큼 육군의 수뇌부로 들어가고 있는 것은 아닐까?

---

25 야마구치 슈, 《철학은 어떻게 삶의 무기가 되는가》 p.101.

Ⅳ
결 론

많은 부족함에도 불구하고, 이덕리의 상두지桑土志를 읽고 용기를 내어 글을 썼다. 군 생활을 하면서 인사 분야에만 보직을 하다 보니, 이 글은 주로 인사 분야 관련 내용 위주로 기술하였다. 향후 기회가 되면 전력, 군수, 편성, 교육(평가 포함), 정보화 분야도 추가할 생각이다. 여섯 가지를 제안했지만, 이것 한 가지만은 꼭 정착되었으면 한다. 그 하나는 리더다운 리더가 혼魂을 갖고 육군의 정책을 일관성 있고 영속적으로 추진하기 위해 참모총장의 임기를 최소 4년, 최장 5년까지 할 수 있도록 군 인사법을 개정하는 것이다. 나는 이것을 한국판 '골드워터-니콜스법Goldwater–Nichols Act'이라고 부르고 싶다. 국방부 발의도 좋고, 의원 입법도 좋다.

요즘 서양 사람들이 한국 드라마를 많이 보는데, 그들이 궁금해하는 것 중 하나가 왜 좋아하는 연인들이 키스를 하는 것이 아니라 업어 주냐는 것이다. 그러면서 어떤 러시아 여자는 "나도 남자친구의 등에 업혀 보고 싶다!" 어떤 독일 남자는 "여자친구를 등에 업어 보고 싶다!"는 등의 표현을 하는 것을 유튜브에서 보았다. 그도 그럴 것이 서양 사람들에게 업는 문화는 대단히 생소한 문화이기 때문이다. 우리는 어릴 때 부모님의 등에 많이 업혀 자랐다. 그래서 우리에게는 '어깨너머로 배운다'라는 표현이 있다. 아마도 배움의 첫 단추를 끼우는 일은 학교나 다른 교육기관 등에서가 아니라 엄마 등에 업혀서 세상을 보면서부터였을 것이다. 우리의 문화 속에 섞인 체험과 느낌을 통해 배우게 된다는 말이다. 한류의 확산과 더불어 서양 엄마들 사이에 유행하는 육아법도 바로 한국의 '포대기 육아법'이다. 포대기의 영문 표기는 한국어 발음 그대로 'Podaegi'이다. 포대기에 쌓인 아이가 울거나 칭얼거리는 비율은 유모차에 탄 아기보다 51% 정도 낮게 나타난다는 소아과 연구 결과도 있다고 한다. 포대기로 아기의 몸을 감싸는 자체로 아기는 엄마와 밀착되는 느낌을 받아 정서적으로 안정감을 갖게 된다는 것이다. 이렇듯 오늘날 한국의 문화는 전 세계를 선도하고 있다. 대한민국의 국방비(52.8조)가 올해(2021년) 러시아(48.7조)를 추월했고, 2~3년 내에는 일본도 추월하게 될 것이라고 한다.(편집자 주 – 2024년 기준 대한민국 국방비 순위는 47.9조로 러시아(140조, 3위), 일본(58조, 8위)에 이어 세계 10위이다.)

대한민국의 군사력은 적어도 외형적으로는 러시아, 일본 등과 대등하게 경쟁하고 있는 것이다. 세계의 찬사를 받는 한류 문화를 만든 사람이 한국 사람이듯, 현재 육군에 복무하고 있는 사람들도 한국 사람이다. 육군이 '군사 한류'를 못 만들 이유가 없는 것이다. 육군은 도약적 비약을 꿈꾸고 있다. 나는 이 도약적 비약을 방해하는 근본적인 원인이 우리 군 내부에 존재하는 '포퓰리즘'이라고 생각한다. 그리고 그러한 포퓰리즘이 확산하는 이유가 '군의 정치화', '군의 직업성 저하', 그리고 암암리에 퍼지는 '공적 영역의 사적화'라고 생각한다. 우리가 이러한 포퓰리즘적 생각과 행위를 벗어 버리지 않는 한, 어린아이가 엄마의 등 뒤에서 어깨너머로 세상을 배우듯 우리의 후배들은 군에 입대하자마자 그대로 배우게 될 것이다. 좋지 않은 것을 배우는 것은 배우지 않는 것보다 나쁘다. 우리의 후배들이 현재 우리의 포퓰리즘적 생각과 행동을 배우기 전에 빨리 버려야 한다. 후배들에게 진정 좋은 것을 배울 수 있게 하기 위해서는 '관계보다 가치를 중시'하고, '데이터에 근거한 총괄평가'를 기반으로 '지금, 여기'에서 벗어나야 한다. 그래서 먼 훗날 우리의 후배들이 육군의 역사를 되돌아볼 때, 올바른 지향성을 갖고 육군이 진화해 왔다는 것을 느낄 수 있도록 해야 한다. 그러므로 우리는 육군의 진화가 우연히 이뤄진 것이 아니라 지향성을 갖고 있었다는 것을 증명해야 한다. 원자보다는 분자가, 분자보다는 세포가, 세포보다는 식물이, 식물보다는 영장류가 더 깊이가 있듯이 오늘의 우리보다는 내일의 후배들이 더 깊이가 있고 포용력이 있어야 한다. 그 길을 닦아 놓는 일이 한때나마 군복을 입었던 사람과 현재 군복을 입고 있는 군인들의 역할이 아닐까?

참고문헌

단행본

『전쟁과 경영』 고든 R. 설리번, 마이클 V. 하퍼 공저 / 김영식 역 (창작시대사, 1998)

『예술과 경제를 움직이는 다섯 가지 힘』 김형태 저 (문학동네, 2016)

『보수의 정신』 러셀 커크 저 (지식노마드, 2018)

『전쟁의 미래』 로렌스 프리드먼 저 / 조행복 역 (비즈니스북스, 2005)

『제국의 슬픔』 리중텐 저 / 강경이 역 (에버리치홀딩스, 2006)

『나는 왜 자유주의자가 되었나』 복거일 등 21명 공저 (FKI미디어, 2013)

『포퓰리즘: 현대 민주주의의 위기와 선택』 서병훈 저 (책세상, 2008)

『군사학 입문』 송영필 저 (충남대학교출판문화원, 2013)

『눈치: 한국인의 비밀 무기The Power of Nunchi』

홍유니 저 / 김지혜 역 (덴스토리, 2020)

『돈키호테의 말』 안영옥 저 (열린책들, 2018)

『포퓰리즘은 죽어야 한다』 이건개 저 (랜덤하우스, 2007)

『뜻으로 읽는 한국어 사전』 이어령 저 (문학사상사, 2018)

『군사고전의 지혜를 찾아서』 이종학 저 (충남대학교출판문화원, 2012)

『한국의 군사혁신』 정연봉 저 (플래닛미디어, 2021)

『민군관계와 국가안보』 조영갑 저 (북코리아, 2005)

『제국의 전략가』 크레피네비치·베리 와츠 공저 / 이동훈 역 (살림, 2019)

『관료제』 루드미히 폰 미제스 저 / 황수연 역 (지만지, 2012)

『에드먼드 버크와 보수주의』

R.니스벳·C.B.맥퍼슨 공저 / 강정인·김상우 공역 (문학과지성사, 1997)

『군인과 국가』 새뮤얼 헌팅턴 저 / 이춘근 외 2명 공역 (한국해양전략연구소, 2011)

『대재앙 시대 생존 전략: 황장수 서민 포퓰리즘 15조』 황장수 저 (미래사, 2020)

『매천야록』 황현 저 (서해문집, 2006)

『법』 끌로드 프레데릭 바스티아 저 / 김정호 역 (자유기업원, 2016)
『왜 일본제국은 실패하였는가?』 노나카 이쿠지로 저 / 박철현 역 (주영사, 2009)
『선택할 자유』 밀턴 프리즈먼 저 / 민병균·서재명·한홍순 공역 (자유기업원, 2022)
『생각하는 군인』 전계청 저 (길찾기, 2023)
『육군의 도약적 변혁을 위한 여섯 가지 질문과 답』
전계청 저 (군사혁신저널, 육군본부, 2021)
『독일군의 신화와 진실』 게하르트 p. 그로스 저 / 진중근 역 (길찾기, 2015)
『초격차』 권오현 저 (샘앤파커스, 2018)
『이기적 유전자』 리처드 도킨스 저 / 홍영남·이상임 공역 (을유문화사, 2007)
『리더의 용기』 브레네 브라운 저 / 강주헌 역 (임프런트 갤리온, 2019)
『리씽크: 오래된 생각의 귀환』 스티븐 풀 저 / 김태훈 역 (샘앤파커스, 2017)
『철학은 어떻게 삶의 무기가 되는가』 야마구치 슈 저 / 김윤경 역 (다산북스, 2019)
『상두지』 이덕리 저 (휴머니스트, 2020)
『축적의 시간』 서울대학교 공과대학·이정동 외 14명 공저 (지식노마드, 2015)
『축적의 길』 이정동 저 (지식노마드, 2017)
『탁월한 사유의 시선』 최진석 저 (21세기북스, 2017)
『김대중 생애·사상·정책의 의미』 노명환 저 (신서원, 2024)
『별들의 흑역사』 권성욱 저 (교유당, 2023)
『군과 정치』 A.A. 코코쉰 저 / 한설 역 (육군군사연구소, 2016)
『4세대 전쟁』 New Millitary Paradigm 저 / 조상근 기획 (집문당, 2010)

기타 자료

『2020 국방백서』 국방부 (2020)

『지상군 기본교리』 육군본부, 야전교범1 (2011)

『사단』 육군본부, 야전교범(운용-3-33) (2009)

『지상작전』 육군대학, 합동군사대학교 기본/보충교재 (2020)

『6·25 전쟁사』 육군대학, 합동군사대학교 보충교재 (2020)

『세계전쟁사』 육군대학, 합동군사대학교 보충교재 (2020)

『위국헌신의 길』 육군본부 (국군인쇄창, 2004)

『육군 기본정책서 '19~'33 수정1호』 육군본부 (국군인쇄창, 2020)

『미 육군개혁 Getting it right』 육군본부 (국군인쇄창, 2012)

『군사혁신의 전략적 성공요인연구』

정연봉 저 (경남대학교 대학원 박사학위 논문, 2020)

『나의 비망록』 윤용남 저 (2002)